油气藏地质及开发工程全国重点实验室系列专著

粒度分析原理及其在沉积环境分析中的应用

李凤杰　张鹏飞　刘自亮　编著

科学出版社

北　京

内 容 简 介

本书是对粒度分析基本原理及其在沉积环境分析中综合研究和应用成果的总结。在介绍粒度分析基本概念的基础上，详细描述了粒度分析的基本原理、方法以及粒度分析的结果和解释。结合大量的研究实例，主要介绍粒度分析在区分沉积环境方面的应用，总结不同沉积环境下沉积物粒度分布特征。最后重点介绍我国典型沉积环境沉积岩粒度特征和分布规律。

本书可供地质、矿山、石油、煤田等相关专业的高校师生，以及科研和生产人员参考使用。

图书在版编目(CIP)数据

粒度分析原理及其在沉积环境分析中的应用 / 李凤杰, 张鹏飞, 刘自亮编著. -- 北京：科学出版社, 2025. 6. -- ISBN 978-7-03-082218-5

Ⅰ. P585；P588.2

中国国家版本馆 CIP 数据核字第 20254AB798 号

责任编辑：黄　桥 / 责任校对：彭　映
责任印制：罗　科 / 封面设计：墨创文化

科 学 出 版 社 出版
北京东黄城根北街16号
邮政编码：100717
http://www.sciencep.com

成都锦瑞印刷有限责任公司 印刷
科学出版社发行　各地新华书店经销
*

2025 年 6 月第　一　版　　开本：787×1092 1/16
2025 年 6 月第一次印刷　　印张：11 3/4
字数：279 000
定价：138.00 元
(如有印装质量问题，我社负责调换)

前　　言

粒度分析作为沉积学的一种重要研究手段，在沉积岩、沉积物的分类、沉积相分析和沉积环境判别等方面均起到了关键性的作用。尤其经过近几十年的发展，粒度分析在现代沉积学研究领域中已经得到了广泛的应用。由于矿产和油气资源勘探工作的需要，目前在我国针对各个盆地地质历史时期沉积岩都开展了大量的粒度分析研究，并积累了丰富的研究资料。本书以现实工作需求为依据，在以往总结的粒度分析理论的基础上继承和发展，更新了粒度分析方面的基础知识，补充完善粒度分析方法，并以粒度分析方法在古代沉积岩中的应用为重点，强调了粒度分析方法的实际应用，增强了粒度分析在资源勘探方面的实用性。

本书分为四章：第一章主要介绍粒度分析的基本概念及分析方法；第二章主要介绍粒度分析资料整理及解释，包括统计方法的运用、粒度数据表现形式以及各种粒度参数的计算；第三章主要介绍粒度分析在区分沉积环境中的应用，总结不同沉积环境下沉积物的粒度特征；第四章主要介绍我国不同地区典型沉积环境沉积岩粒度特征和分布规律的实例研究。全书在教学实习和生产实践指导方面更具实用性。

本书由李凤杰、张鹏飞和刘自亮编写，全书各章节编写分工如下：第一章和第二章由李凤杰编写，第三章由李凤杰和张鹏飞编写，第四章由张鹏飞和刘自亮编写，李凤杰统稿定稿。陈政安博士研究生，李杰、任栩莹、王佳、苑广尧、付文念等硕士研究生承担了全书的插图清绘、表格制作和参考文献整理等工作，在此表示感谢！另外，本书引用了国内外众多学者的观点和图件，在此，一并表示衷心感谢！

本书由国家重点研发计划项目(2018YFC0604201)和成都理工大学油气藏地质及开发工程全国重点实验室"双一流"学科建设经费共同资助完成。同时，在研究的过程中，作者团队还得到了成都理工大学沉积地质研究院沉积地质实验室的大力支持。

由于编写时间仓促和水平有限，书中难免有不足之处，敬请各位读者批评指正！

作　者
2024 年 12 月

目　录

第一章　粒度分析的基本概念及分析方法

第一节　基　本　概　念

粒度有两种值：线性值和体积值。体积值一般用标准直径(d_n)表示，它代表与颗粒体积相等的球的直径。线性值常因颗粒形状不规则而很难测定。通常测三个值：最长直径d_L、中间直径d_I及最短直径d_s。可按下述步骤确定这三个值。

(1) 确定颗粒的最大投影面。

(2) 作垂直最大投影面方向的最长截线，即最短直径d_s。

(3) 对最大投影面作切线矩形 (图 1-1)，矩形的短边即中间直径d_I，长边则是最长直径d_L。

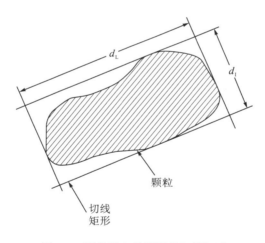

图 1-1　颗粒最大投影面的切线矩形

可以看出，d_L及d_s的方向同时还表明颗粒在空间的方位，因此，它们既可用于粒度分析，也可用于颗粒的组构分析。

线性值在粒度分析中较常用，在砾岩研究中有时也用体积值。

目前，国际上应用最广的粒度分级是乌登-温特沃思粒级 (Udden-Wentworth scale)。它是以 1mm 作为基数乘以或除以 2 来分级的 (表 1-1)。Krumbein (1934) 将其转化成ϕ值 (表 1-1)，转换公式为

$$\phi = -\log_2 d$$

式中，d 为毫米直径值。

表 1-1 乌登-温特沃思粒级及 ϕ 值

直径/mm		ϕ 值	直径/mm		ϕ 值
分数式	小数式		分数式	小数式	
256	256	−8	1/4	0.250	2
128	128	−7	1/8	0.125	3
64	64	−6	1/16	0.063	4
32	32	−5	1/32	0.032	5
16	16	−4	1/64	0.016	6
8	8	−3	1/128	0.008	7
4	4	−2	1/256	0.004	8
2	2	−1	1/512	0.002	9
1	1	0	1/1024	0.001	10
1/2	0.5	1	1/2048	0.0005	11

这个 ϕ 值粒级标准受到广泛重视，因为它有以下优点。

(1) 分界为等间距，故可使用一般方格图纸作图，而不必用对数图纸。求图解或统计参数值(如平均值、方差、偏度以及峰度等)均较简单方便。由于 ϕ 值粒级标准是几何基础，因此能同等地检查粒级频谱的所有部分。相反，在自然数的粒级标准情况下，细粒部分因距离太小而很难在图上表示。

(2) 粒度范围广，可以自由地向较粗或较细的两端延伸到任一极限上，也可将粒级细分到任意间距的精度，数字并不显得冗长，如 $\frac{1}{2}\phi$、$\frac{1}{4}\phi$ (即 ϕ 值为 $\frac{1}{2}$、$\frac{1}{4}$，全书类似表述的含义以此类推)。这对揭示粒度分布是否为双峰以及了解尾部的详细情况提供了很大的便利。

(3) 乌登-温特沃思 ϕ 值粒级标准的分级界限都是整数，便于应用。它的粒级频谱是以零为中心，向两端近乎对称地延伸，习惯上以图纸的左边为负 ϕ 值，代表粗的粒级；而右边为正 ϕ 值，代表细的粒级，一目了然。

(4) 使用 ϕ 值粒级标准时，求出的 ϕ 值分选系数可以直接互相比较。例如，特拉斯克 (Trask，1932) 分选系数 S_o (即几何四分位标准差) 不呈简单的线性关系，故不能简单地认为 $S_o = 3$ 是 $S_o = 1.5$ 分选性的 2 倍；而 ϕ 值四分位标准差 QD_ϕ 则为线性比例关系，$QD_\phi = 4$ 即是 $QD_\phi = 2$ 的 2 倍，关系直观清楚。同时，还提供了研究 ϕ 值分选度区域分布的条件，如编制分选系数区域分布等值线图等，这给资料整理和地质解释带来极大方便。

(5) 便于引进数学统计方法来处理资料。例如，粒度概率累计曲线图，其横坐标即采用 ϕ 值。

关于粒级的分类命名，由于各行业或领域的工作性质和要求不同而不完全一致。就沉积岩研究工作而言，不管是碎屑岩还是碳酸盐岩，常采用乌登-温特沃思粒级分类(表 1-2)。

表 1-2　乌登-温特沃思粒级分类表(经适当修改)

粒级界限/mm	名称	粒级界限/mm	名称
>256	漂石	0.25~0.5	中砂
64~256	卵石	0.125~0.25	细砂
2~64	砾石	0.063~0.125	极细砂
1~2	极粗砂	0.002~0.063	粉砂
0.5~1	粗砂	<0.002	黏土

当砂、粉砂、黏土三组分含量相近，没有任何一种超过 75%时，称为混积岩。可按混积岩分类方案对其进行细分。较常用的是谢泼德的分类方案(Shepard，1954)(图 1-2)。

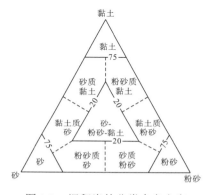

图 1-2　混积岩的分类命名方案

然而，随着研究工作的进展，这个分类已不够详细，特别是图解的中间部分。例如，有三个样品的含量比例为：①砂 58%，粉砂 21%，黏土 21%；②粉砂 58%，砂 21%，黏土 21%；③黏土 58%，砂 21%，粉砂 21%。若用上述方法分类，则三个样品全部应命名为"砂-粉砂-黏土"，然而①和③却是不同的两类物质。因此有必要提出更详细而又不复杂的分类方案。Link(1966)提出一个如图 1-3 所示的结构分类方案。在他的分类上尽量使用通用的名称，只是细分了中间部分。

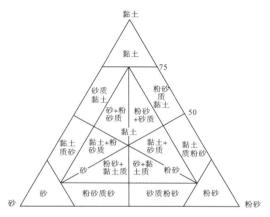

图 1-3　Link(1966)的混积岩分类方案(稍加修改)

举例来说，一样品含 23%的砂、48%的粉砂和 29%的黏土，如按此分类则可称为黏土、砂质粉砂。可看出这个名称是将含量最多的组分作为主名，放在全名的最后面；其余两组分均作为副名放在主名的前面，并在与主名之间加一"质"字；两副名之间加"、"，前面一个代表含量较多的组分。

第二节　粒度分析方法

对松散的沉积物和能松解的岩石可用直接测量法、筛析法、水析法(沉降筒法、密度差法、流水法、沉降天平法、离心分析法)等。砾石可用直接法测量，如用测杆、测规测量砾石的直径，用量筒测砾石的体积；可松解或疏松的细、中碎屑岩多采用筛析法；粉砂及黏土岩常用沉降法、流水法、液体比重计法等方法测定；量少的小样或浓度太低的粉砂、黏土样，可采用光学法和电法。固结的无法松解的岩石主要采用薄片粒算法或图像分析法。而半自动、自动粒度分析仪的出现，大大提高了工效，并降低了劳动强度。

一、粒度分析放大镜

在野外进行粒度测量的简易装置是一个长 15cm 左右的长筒，内装三个透镜，放大倍数为 10 倍。利用筒内所装的一片标准片上的刻度(乌登-温特沃思粒级、微尺及倾角的度数)(图1-4)即可在野外直接进行观察读数。此装置除作粒度测量外，还可观察孔隙的大小、纹层厚度及斜层理倾角等。

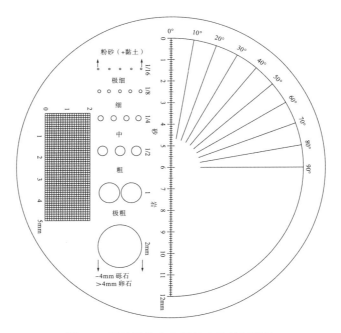

图 1-4　野外用粒度分析放大镜的标准片

应注意视域要大而清晰,这样才能保证测量准确。在长筒的下端设一进光孔以使视域明亮。

也有人在野外使用更简单的粒度比较器,如标准粒级的砂样管或有机玻璃质的粒级载片等,也能起到相同的作用,但不能同时放大。

二、利用照片对粗碎屑岩进行粒度分析

固结的颗粒较大的粗碎屑岩(如砾岩及角砾岩),不能使用筛析法求粒度分布,有时甚至用直接测量法测定也有困难,但可以在露头断面的照片上测出各个颗粒的粒度。Neumann-Mahlkau(1967)曾对 19 个弱胶结的砾岩同时进行照片测量和筛析,对比两种方法的结果,存在线性相关,说明它们之间存在清楚的转换关系,从而证明照片法可进行粗碎屑岩的粒度测量。照片法的步骤如下。

(1)照相。照相面积取决于砾石直径。颗粒越大,照相面积就应越大。究竟多大才合适,可根据图 1-5 上的直线求得,该直线求出的是应照断面的短边长,误差为 1%。所使用照相暗盒的边长比应是 2∶3,这样应照断面的长边长也就知道了,照相时应在拍照面积内放一清晰的比例尺。最后将照片尺寸放大到 6cm×9cm 或 9cm×12cm。

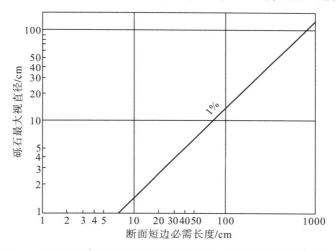

图 1-5　根据砾石最大视直径确定照相断面短边必需长度的图解

(2)将照片放在双目显微镜下测定其上每个颗粒的最长轴(代表视长径)。也可在双目镜上加点计目镜及网格微尺,放大倍数可在显微镜说明书中查出。微尺的长度可根据照片上的比例尺得知。应注意颗粒大小必须小于点计目镜中各点之间的距离。为了使测量颗粒时网格微尺的放大倍数合适,可先做准备测定。当然也可以使用计数器记录各粒级的点数。

(3)测量的点数视统计测定极限误差的要求而定。一般来说,1.5%的理论绝对误差就足够精确了。大多数情况下测定 600 个点的理论误差就小于 1%,故 3h 测定 500~600 个点完全可以达到此精度。欲概略了解粒度的分布情况,300 个测点就够了。

(4)根据下列各公式或者利用图 1-6 即可将照片直径 d_p 换算成筛析直径 d_s。

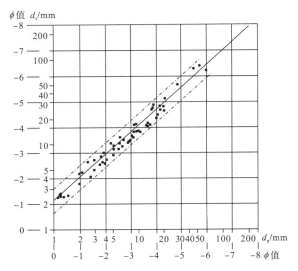

图 1-6　筛析直径 d_s 和照片直径 d_p 的转换关系

ϕ 值分级：

$$d_s = 0.9d_p - 1.15$$

毫米分级：

$$\lg d_s = 0.9\lg d_p + 0.32$$

其中，

$$d_s = 10^{0.9\lg d_p + 0.32}$$
$$d_s = 10^{\lg d_p^{0.9}} \times 10^{0.32}$$
$$d_s = d_p^{0.9} \times 2.09$$

三、筛析

对砂和细砾而言，筛析可能是较精确的办法。分析一个样所费时间属中等情况。筛孔间隔最好是 $\frac{1}{2}\phi$ 或 $\frac{1}{4}\phi$。1ϕ 间隔的筛，其结果不精确，因为由其作出的频率曲线比较粗略，不易了解曲线的双峰性和尾部细节。若以概率值作图，则因得出的点过稀，连成的直线不准确。筛析的缺点是仅对松散或弱胶结的岩石适用，同时软的或脆的颗粒(如化石或变质岩碎屑)在筛析过程中易破碎变细，而次生加大的石英颗粒又将使粒度变粗。再者，不规则形状的颗粒也不能得到真实的反映。筛析法最突出的优点是做了粒度分析之后，还为进一步的矿物学和颗粒形状研究准备了丰富的材料。

筛析法沿用已久，但其理论较复杂，若详细探讨将超出本书的研究范围，故从略。这里只指出，理论上讲，能通过筛孔的圆球颗粒，其最大直径将等于筛孔的直径。但是由于通常使用的筛均为方形孔，同时沉积物颗粒也绝大多数并非理想的圆球，而是不规则的，因此情况就变得复杂了。如果方形筛孔的边长为 L，则只要中间直径 d_I 小于或等于 L 的颗粒均可通过。然而由于方形筛孔对角线方向的孔径达 $\sqrt{2}\,L$，因此，在某些极端情况下，d_1 大于 $1.4L$ 的颗粒也将通过筛孔。所以如果颗粒中间直径 d_1 决定了它能否通过某一号筛，则这个中间直径乃是一个介于 L 和 $\sqrt{2}\,L$ 之间的数值。

筛析样品通常取 15～20g，或者更多一些，如 30g，甚至 100g。一般是在振筛机上筛 15～20min，然后分级称重。称重应准确到 0.01g，若分级量不足 1g，则称重应准确到 0.001g。随后，每个分级均需用双目镜检查，发现有未分离开的颗粒集合体，则应按估计百分数加以扣除，然后才计算重量及累计百分数。还要注意最后的总和应为 100%，当不足或多于 100% 时，要按比例分配到各级重量中去，使总量为 100%。如果沉积物中同时含有砂及砾石，则应先通过 1ϕ 孔径的筛子，筛上的物质继续用 1ϕ 间隔的套筛做筛析。筛下的物质需分样，取所需的量，继续做砂样筛析。在最后算累计含量时，这部分分样的重量需要除以分样系数，才能恢复到未分样时的情况。至于不能继续筛析的黏土物质，若不继续做分析，则可用外推法，在一张算术图纸上从最后的资料点 10ϕ 外推到 100% 的 14ϕ，以得到近似的情况。

在筛析工作中各种误差(如裂分误差、制造误差、工作者和读数误差、再现性误差等)会影响成果的精确性，其中以套筛制造误差最为显著。据研究，粗砂孔径误差为 7.0%，细砂甚至达到 17.0%。如果只求粒度平均值和标准差，可以不进行孔径校正。如果要了解环境的细微区别，就必须仔细校正孔径，因为孔径的大小对偏度及峰度等参数产生的影响十分显著。检查和校正孔径的办法很多，下面进行简要介绍。

用不同地区的滨海砂样做检查，因为这种砂样的粒度分布大多数属正态分布。筛析结果都在同一 ϕ 值出现拐曲，则筛子的孔径可能存在偏差。校正方法是将成果在概率纸上作图，连成直线加以校正(图 1-7)。或者在双目镜下测量筛孔，这时要选 6 个互不重叠的视域，前 3 个应与后 3 个垂直，每个视域至少测定 50 个孔径。测孔应选择在方孔的对角线方向上(图 1-8)。也有人用标定了的玻璃球来检验筛孔是否标准，看套筛所得结果与玻璃球标定样的粒度是否一致，若不一致，则需得出校正系数。一个实验室要有自己的标准样，定期做检查。

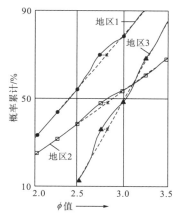

图 1-7   用样品检查校正筛孔

注：图中显示 2.75ϕ 筛孔的孔径有问题，所以样品的概率累计曲线均在同样粒度处出现拐曲。此图还表示出了连直线来校正的方法，即将点平移至直线上星号处。因此，2.75ϕ 筛子的真实孔径应为 2.81ϕ

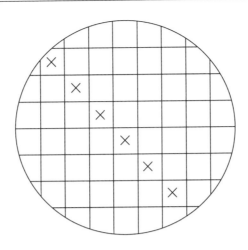

图 1-8　用显微镜测定筛孔径

注：测孔选在方孔的对角线方向上（带×者）

四、沉降分析

沉降分析法比其他任何测定粒度的方法都更符合自然情况，因为沉降速度比沉积物颗粒几何大小更能反映基本动力学特性。沉降分析法的基本原理就是利用颗粒沉降速度来划分粒级分布。这个方法主要用于黏土-粉砂级和砂级沉积物，前者使用移液管法，后者使用沉积筒法。沉降分析法目前在所测特性的显著性和测量技术的精确性等方面还受到某些限制。

为了讨论这些方法以及沉降速度本身的含义，这里适当地介绍一些流体阻力的机制。

当固体颗粒在流体中运动时，将受到流体产生的力的反抗。这些力主要为黏性力和惯性力。固体物质的通过使得一定质量的流体产生了移动，必然使流体从静止状态产生大于零的速度。因此，这些力与流体的密度成正比。如果只考虑惯性力，则可通过量纲分析来确定阻力和密度以及速度之间的关系，我们可以用下面的公式来描述它：

$$F_R = f(\rho, u, d) \tag{1-1}$$

式中，F_R 为作用在颗粒上的流体力；ρ 为流体密度；u 为相对于颗粒的流体速度；d 为颗粒直径。

在动力学中，全部变量可用其基本单位表示：长度(L)、时间(T)、力(F)、质量(M)等。力的基本量纲通过质量、长度和时间很容易从牛顿第二定律得到：

$$力 = 质量 \times 加速度$$

用量纲术语可以写成：

$$[F] = [M][LT^{-2}]$$

这里用方括号表明只考虑变量的基本量纲而非其绝对量。

在式(1-1)的情况下，其量纲形式就是

$$[MLT^{-2}] = [ML^{-3}]^a [LT^{-1}]^b [L]^c$$

这里 a、b 及 c 为整数。考察方程可知 $a=1$，$b=2$，$c=2$，否则就不符合量纲统一的基本定理。这就确立了式(1-1)必须是如下类型：

$$F_R = C(\rho u^2 d^2) \tag{1-2}$$

式中，C 为无量纲常数。式(1-2)又可用颗粒横切面积 A 改写成下述方程：

$$F_R = C_D \frac{\rho u^2}{2} A \tag{1-3}$$

在这种形式中，方程可描述为阻力与流体动力能($\rho u^2/2$)和颗粒横切面积成正比，C_D 是颗粒的阻力系数。式(1-2)或式(1-3)叫作牛顿阻力定律。量纲分析不能揭示阻力系数的值，它必须通过实验来确定。实验得到的阻力系数并非总是一个常数，原因是在上述推导中忽视了一个重要的变量——流体黏度。

黏度并不是个别流体的一种绝对不变的性质。一方面，它有自己固有的分子之间的力，同时还因温度和可溶盐类的存在而变化。另一方面，流体中悬浮物质增加，特别是黏土矿物增加，黏度也将增大。实验发现，颗粒通过液体时，其阻力是黏度的函数。通过运动流体的主要特性，如密度、速度以及黏度等的无量纲组合的办法可以表示黏度的相对重要性。这些变量只有一种无量纲组合，那就是雷诺数(Reynolds number)：

$$Re = \frac{ud\rho}{\mu} \tag{1-4}$$

式中，μ 为黏度。如果颗粒形状不变，则阻力系数是雷诺数的唯一函数，当很细的球状颗粒在水中沉降，并且浓度很低时，有

$$C_D = \frac{24}{Re} \tag{1-5}$$

如果联合式(1-3)和式(1-5)，再结合 Re 和 A 的定义，可得出：

$$F_R = 3\pi d\mu u \tag{1-6}$$

这就是斯托克斯(Stokes)定律。当一个颗粒在水中以不变的速度 W 沉降(W 称为沉降速度)时，流体阻力必然与作用于颗粒上的重力相等且方向相反，重力可以根据球的体积颗粒和流体的密度差 $(\rho_s - \rho)$ 以及重力加速度 g 计算出来：

$$F_g = \frac{\pi d^3 (\rho_s - \rho) g}{6} \tag{1-7}$$

联合式(1-6)和式(1-7)，设 $u=W$，并解 W 即得出斯托克斯沉降速度公式：

$$W = \left[\frac{(\rho_s - \rho) g}{18\mu} \right] d^2 \tag{1-8}$$

式(1-8)曾广泛用于确定黏土至粉砂粒级颗粒的大小。这些颗粒在斯托克斯定律的有效范围内将沉降下来。然而，实际上有一些因素限制了该定律的应用。

(1)在这个粒级范围内的颗粒并非球形的，而且其密度也无法准确地知道，因此，测定出的粒度值是所谓的"当量直径"，即相当于同样沉降速度的球的直径。同时，温度必须是规定的标准 20℃。在这个温度下，式(1-8)方括号内的数值大小为 0.892×10^4，W 的单位是 cm/s，d 的单位是 cm。

(2)斯托克斯定律只对在无限流体中的单个颗粒才严格有效。粒度即使低到 1%时也能

够阻碍沉降。

（3）很小的颗粒总是趋向于凝聚，为避免凝聚现象发生，常在黏土中加少量的分散剂。

下面介绍两类沉降分析方法。

（1）移液管法。这是过去应用较多的方法。准备浓度低而均匀的悬浮液，将 1L 悬浮液装入刻度筒中，按算准的时间间隔于顶面向下 10cm 或 20cm 标度处取出悬浮样品。取样时间是根据斯托克斯定律计算出来的。在这些时间点上，所有给定当量直径的颗粒都沉降到该标度之下。再次取出的悬浮样属于更细的粒级。根据全部所取已知体积样品中回收的沉积物重量（干重），可以计算出粒度分布。从上面很简略的介绍可以看出，这个方法的精度不高。但是，它对确定泥质样品中粉砂的大致含量还是有用的。目前这个技术已经标准化，而且在仪器方面也有所改进。因此，其精度也有所提高，目前一些生产单位仍在采用。

（2）沉积筒法。砂级颗粒的沉积筒法近年来得到了改进和推广，主要是因为它比筛析更为快速，并且人们认为沉降速度比筛析得到的粒度更具动力学意义。沉积筒工作原理是从筒的一端引入样品而在另一端沉积。对各种沉积物组分沉积所需用的时间，可用下述三种方法（图 1-9）之一来测定：①当沉积物堆积在筒（如埃默里筒、直观堆积筒等）下部的窄端时，直接检查它的堆积高度；②自动记录水-沉积物柱体与相当的纯水柱体之间的压力差，伍兹霍尔（Woods Hole）快速沉积物分析仪就是根据这个原理设计的；③使用应变计或电子天平自动记录悬在筒底盘上堆积的沉积物重量。后两种方法可以得到相当精确的结果。

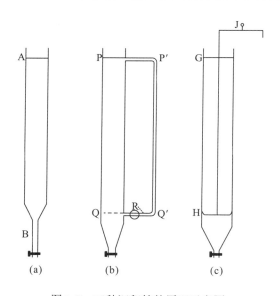

图 1-9　三种沉积筒的原理示意图

(a)样品在 A 处被引入，在筒的窄部 B 处测量其堆积速度；(b)样品在 P 处被引入，只要颗粒未沉降越过 Q 处，悬浮物的重量将在 PQ 和 P′Q′之间产生一个压力差，压力差用在 R 处的一个传感器记录下来；(c)从 G 处引进的颗粒沉降到盘 H 上，盘悬挂于 J 处的一个电子天平上

用沉积筒分析砂级沉积物时会受到一些限制。首先，砂级颗粒沉降时不服从斯托克斯定律，这是由于该定律的上限粒级是在 25～60μm，雷诺数在 0.02～0.20。这时可以使用劳斯(Rouse)球粒沉速实验曲线(图 1-10)，以弥补这一缺点。其次，沉积筒法不能很好地精确记录粒度分布的尾部，而很多地质工作者却认为尾部对解释沉积物的成因特别有用。最后，在加入沉积物时，由于一时引入很大的浓度，将使顶部的水发生搅动，颗粒成堆地下降，较小的颗粒甚至被较大的颗粒拖下去，可能形成一个小的垂直密流柱或"浊流"，避免出现这种现象的方法是在分析时使用标准的小量样，同时还可用已知密度和粒度的球样对筒进行标定，或者增加合适的放样装置。

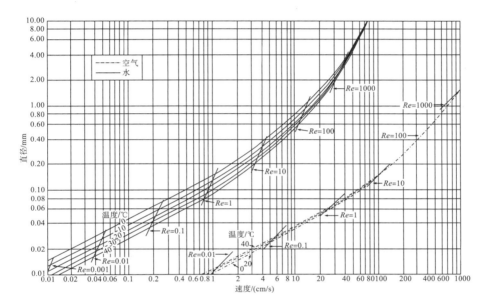

图 1-10　石英球粒在水及空气中的沉降实验曲线(Rouse，1937)

尽管有上述缺点，沉积筒所得结果的精度仍满足测定要求，特别是对平均粒度和分选性的常规测定是适用的。Schlee(1966)同时用筛析和伍兹霍尔快速沉积物分析仪对同一样品进行分析，根据 50 个样品得出的图解统计值比较结果，发现两种方法得出的平均值只差 0.09ϕ，标准差只差 0.03ϕ，偏度的差别大一些，达 0.37ϕ。沉积筒比筛析所得数值偏大一些。当然，对筒进行校准可以减小这些差值。

沉积筒具有不少优点，如测定快速、得出的粒度分布记录是连续的、粒度频谱广(可达 63～2000μm)、样品量少(只需 1.5～5g)等，最重要的优点是分析过程与自然界的沉积作用类似。下面我们介绍几种仪器，以便于生产中采用。

(1)埃默里沉积筒。这是埃默里设计使用的仪器，筒长 164cm，筒的下端直径变窄。在预定时间点读出堆积在窄部底上沉积物的高度。该仪器的再现误差为 3%，它的特点是制造简易，在实验室或野外均可自制。

(2)伍兹霍尔快速沉积物分析仪。Zeigler 等(1960)对此仪器曾有过详细的介绍。基本原理与图 1-9(b)一样，可以自动地记录纯水柱及水加沉积物柱的压力差。随着沉积物的沉降，压力差也发生变化。此仪器适用于粗粉砂至砾石级颗粒，再现性好。经检验证明，所得粒度平均值的标准差是小数后第四位。

仪器基本组件为两个筒，一个对沉降速度较快的沉积物进行速度测定，另一个则对沉降速度较慢的沉积物进行速度测定。每个筒靠顶部和底部各有一孔，接压力传导管。顶部孔将压力传到压力箱中，压力箱是在折箱的外面。底部孔将压力传到折箱内。底部孔沉积物加水的柱比纯水柱的顶部孔传送的压力更大，因而折箱被撑开。在折箱底部装存一个灵敏的差异记录器，测定折箱的运动量，然后经放大器将信号传到记录仪上。根据需要，筒上孔可降到不同的高度，以缩短沉降过程。在热水箱中赶走所用之水中的气体后，储于室温存水箱中，再通过水管导入筒内。

最好用人造树脂或其他塑料做筒的材料，降低在打孔及其他方面的技术难度。

沉速较快的筒可测粒径为 0.04～3mm 的颗粒，样品量虽然以 5g 为最好，但大到 25g 或 30g 及小到 2g 的样品均可以做实验，并且分析时不需要知道样品重量。可先通过引入小量样品使记录笔起动，一般 0.05g 的样品即能开始记录。之后，由于惯性，只要有 0.01g 样品，记录器即可正常工作。因此，若平均样重为 5g，只要有 0.2%的重量变化，仪器就能检出其压力的变化。得出的测量结果是一条连续曲线，横坐标为时间。根据时间（读出的）和沉降距（已知的）可算出沉降速度或从表中读出粒度。

Schlee（1966）改进了压力仪、放样闸门、沉积筒直径等。Brezina（1969）又进一步改进了放样装置，还用一自动转换器将沉降时间转换为粒度，并以纵坐标的电压代表频率，因此可以直接记录下粒度频率曲线，而且更为快速，每天可测 100～250 个砂样。

（3）沉积天平。以前多使用 Doeglas（1946）提出的可以分析 4g 样品的沉积天平，之后这种天平又有所改进。下面介绍两种较为适用的天平。

①荷兰壳牌实验室改进的多格拉斯（Doeglas）沉积天平。它可以分析少到 2g 的样品，适用的粒度区间为 63～2000μm。仪器的工作原理是根据力的平衡，现简述于下。

用直径为 0.1mm 的细钢丝将平底盘悬在天平横梁上，盘位于透明沉积筒下部的直径变宽部分中，以保证能承接筒上部沉降下来的全部样品。盘上的载重与沉积物的沉降速度成函数关系，反映了样品内的粒度分布情况。天平梁下接一喷嘴，喷出空气，当盘上沉积物载重增加时，天平梁随之下降，因此限制了空气从喷嘴中喷出，于是在节气门后形成压力，使其旁的反馈折箱产生动量，直到与盘的载重平衡。折箱压力与盘上的载重成正比。用气体放大器调节，使盘上载重为 0～2g 时所形成的压力输出信号为 3～15lb/in[2][①]。用记录器将信号记录下来，即可了解粒度分布情况。

开始工作前，可以增加天平臂反方向的重量或移动支点的位置，使之达到零点。在做好 10 个样品后，必须清洗盘，这时可以使盘降到筒的底部并使之翻转，进行冲洗。

分析准确的关键是，整个样品应同时进入筒的顶部，并同时开始降落，且不引起水的扰动。为达到此目的，设计了一个圆的多孔的浅陶质盘，装在筒的顶部。此盘只有两个稳定位置：一个是此盘凸面朝下且正好被筒中水面淹没之处；另一个是此盘凸面朝上且刚好超出筒顶之外。工作时开始是处于后一个位置。将样品弄湿，并均匀地展布在凸面上，然

---

① 1lb=0.453592kg；1in=0.0254m。

后再转成前一个位置，粘在盘上的样品到达水面同时开始降落。用这个装置释放样品不会形成意外的扰动。为了确定沉降开始的时间，在此装置上装有开关，并与记录仪的时间计时笔相连，可将沉降作用开始的时间准确地记录下来。

②格罗宁根(Groningen)沉积天平。该仪器由三部分组成：204cm 高的双层透明塑料筒、自动称重的分析天平以及记录器。筒内可容 70L 蒸馏水。沉积盘用尼龙丝悬挂在天平盘上。为了减少尼龙丝的表面张力影响，可在水中加入 7mL 去垢剂 Teepol。为了不使水中生长藻类生物，在不用时应用布幔遮住光线。为了避免滋生细菌，可在水中加 70g 尼泊金丁酯($C_{11}H_{14}O_3$)。使用双层壁可以保持水温稳定。天平顶部装有光源及两个光电池，利用天平称重时两个光电池产生的功率差，用电位计记录下来，并以 1in/min 的速度画在记录图纸上。天平灵敏度小于 1.0mg。该沉积天平的适用粒度区间为 50～1000μm。粒度大于 1000μm 的颗粒在悬浮物中会产生扰动效应，小于 50μm 的颗粒沉降时间过长。如果用化学试剂除去样品中的有机质，则做一个样品只需 20min。样品重量最大可达 1.6g，一般用 1.5g 样品。用沉积天平可连续做 200 个样品后再清洁沉积盘。方法是利用悬挂它的尼龙丝使之倾斜，让其上的沉积物滑下，然后松开筒底，除去沉积物。通常在使用一年后才重新换水。用此装置一天至少可做 10 个样品。

上述的两种沉积天平记录的都是沉降速度，显然比筛析测定的中间直径更能可靠地说明颗粒在自然搬运和沉积中的情况。沉积天平的缺点是，因记录系统的惰性，往往不能记录开始的 5mm，相当于样品的 0.3‰左右；同时沉积天平也和其他沉积筒一样，不能像筛析那样在分析结束时，为显微镜研究的各种粒级提供足够量的样品；而且，因沉积天平所需的样品很少，分样工作麻烦且费时。

沉积天平和筛析所得的结果表明，在粒度大于 250μm 时，沉积天平得到的粒度资料的累计质量分数比筛析得到的要低些；粒度小于 250μm 时则相反(图 1-11)。因此，一般

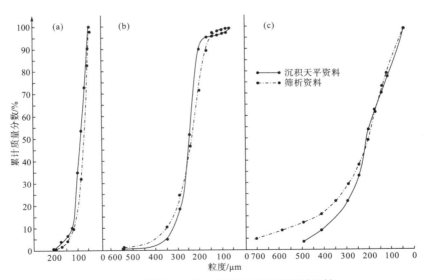

图 1-11　筛析和沉积天平得出的粒度资料比较

(a)细粒样；(b)中粒样；(c)粗粒样

从筛析得到的中位数比天平的记录要小 7～10μm；对中粒沉积物，沉积天平得到的与累计质量分数为 84% 对应的粒度比筛析得到的大 30μm，得到的与累计质量分数为 16% 对应的粒度则小 20μm。两种资料的这种差异是因为粗粒部分存在沉降慢的片状云母碎屑，细粒部分存在沉降快的重矿物。

至于筛析与沉积筒分析所得资料之间的换算问题，美国机构间水资源委员会曾提出一个换算图（图 1-12），其纵坐标为筛析直径 D，即颗粒通过的最后一个筛及留在其上的那个筛两者筛孔孔径的平均值，横坐标为颗粒的沉积直径 D_{SI}，即与颗粒在相同温度、相同流体成分下具相同密度的球的直径（Inter-Agency Committee on Water Resoures，1963）。图中第三个变量是球度 S.F.。S.F. $= C\sqrt{ab}$，其中 a、b、C 分别代表颗粒的最长、中间和最短的三种粒径。大部分自然砂的 S.F. = 0.7。该图是根据在 24℃ 情况下的实验资料作出来的。当温度差为 1℃ 和 2℃ 时，所形成的直径变化小于 2%。通过实验检验此图，发现从图上得出的 D_{SI} 与实际的沉积直径 D_S 一致（Kennedy and Kon，1961）。因此，根据此图可以将筛析直径的平均值换算成沉积直径的平均值。可根据换算后的结果求沉积直径的标准差。

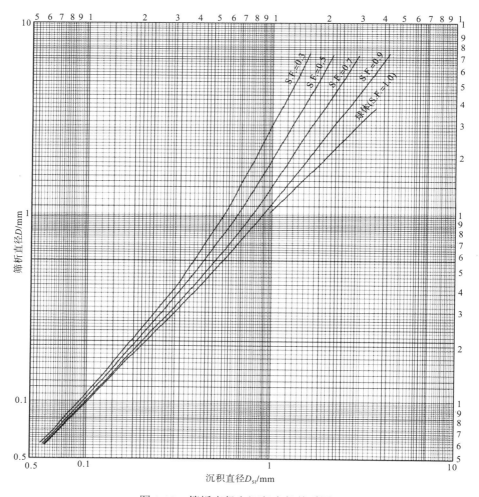

图 1-12　筛析直径和沉积直径关系图

五、细粒悬浮物的粒度分析

本节主要分析海水、河水以及其他流水中细粒悬浮物的粒度。制备后的土壤样也可能成为细粒悬浮物，这种悬浮物的主要成分为石英碎屑、黏土颗粒、有机物等，以单颗粒、团状、集合体等形式存在。颗粒的投影面积、体积和直径因悬浮物的光学和电学性质而变化很大。由于黏土的絮凝作用、有机物对沉积物的作用等，细粒悬浮物的颗粒构造也多种多样。例如，静电荷可使黏土矿物呈板状；在无脊椎动物的腹腔内紧密排列可形成椭圆形的颗粒；分解的有机物被藻丝或细菌黏液黏结成不规则的集合体状等。这种构造的不同，使细粒悬浮物的形状、密度、凝聚程度和电阻率产生变化，如粉砂粒级石英碎屑的相对密度是 2.5 且为半球状，而具同样直径的黏土絮凝体可以含高达 95%的水，因此，一个直径为 500μm 的黏土絮凝体可以和直径为 20μm 的石英颗粒具有相同的沉降速度。有机物集合体可含高达 95%的水，因此沉降速度也慢得多，而浮游生物的减速效果就更明显，它们的不规则形状使集合体更易漂浮。

由于颗粒的投影面积、体积、直径等性质受不同因素的影响而变化很大，各种不同的粒度分析法测量的是颗粒的不同性质，得出的是不同的粒度分布，因此不能直接对比。例如，显微镜分析法测定的是切面直径或当量圆直径；沉降分析法是测量颗粒的当量球直径的沉降速度；库尔特计数器（Coulter counter）分析法是通过测定颗粒在电解质中因体积变化而产生的电阻变化来间接地测出颗粒的体积。

细粒悬浮物粒度分析的困难包括抽样问题和分析时如何能保存自然的粒度分布状况问题。理想的情况是用分析仪就地测定或在船上进行分析，不改变水沉积物系统的浓度、盐度和其他参数。如果必须从水中抽样进行分析，则须非常小心。可以使用分散剂，但使用分散剂后的粒度分布，鉴定价值会降低。

下面介绍几种常用的分析法。

（1）颗粒载片的显微镜分析法。从水体中取样，收集后立刻通过 0.22μm 的 APD 硝酸纤维素薄膜过滤器。用一种折射率等于硝酸纤维素（n=1.51）的液体冲洗一部分过滤器以制备载片，理想的情况是制成单个颗粒的薄层，且颗粒彼此最好不接触，虽然这样的样品量很小，但保证粒度分布统计的稳定性是足够的。

方法是直接在显微镜下测定，也可利用蔡司 TGZ-3 型粒度分析仪、维克分像目镜帮助计数。这两种仪器都是测定切面的当量圆直径——与颗粒切面具有相同面积的圆的直径，或测切面直径。若颗粒是圆形，则直接测出当量切面圆直径；若颗粒为不规则形状，则可根据本节后面关于半自动、自动粒度分析仪部分中叙述的方法进行测定，这里从略。

显微镜分析法得出的是一定粒级颗粒数的频率分布，而不是重量频率分布。

（2）光学分析法。光通过混浊的水，强度会减弱，这主要由两种原因引起：散射和吸收。散射是光线在直线方向上发生偏离；吸收是辐射能衰减。光学分析法就是根据光的这些性质来测定粒度。光学分析法分两种：①光学-沉降联合分析法；②纯光学分析法。

①光学-沉降联合分析法。主要为消光-沉降分析法，是在沉积物水柱的一定深度处，利用光感来确定随时间的延长，密度的变化情况。入射光与透射光强度的关系：

$$\ln \frac{I_0}{I} = kcl \sum_{d=0}^{D} Knd^2$$

式中，I_0 为入射光强度；I 为透射光强度，随着时间的延长，光强度的变化情况，可以从仪器上读出；k 为体积吸收系数；c 为浓度；l 为沉积池的宽度；K 为有效面积系数；n 为颗粒数；d 为颗粒直径。

在任何一次实验情况下 K、c、l 都是常数，K 值可以从罗斯曲线(Rose，1954)上读出，或从伯特表(Burt，1955)中查出。从仪器上读出的 I 与一定的颗粒粒度有关，$\ln \frac{I_0}{I}$ 的变化乘以平均直径就能够得出一级粒度的质量分数，该结果再被有效面积系数除，可得出真正的颗粒质量分数，进一步的计算讨论可参考 Simmons(1959)及 McKenzie(1963)的文章。常用的简单设备包括光源、透镜、瞄准透镜(或称准直透镜)、沉积筒、微电流计等。McKenzie(1963)提出将比色器用于消光-沉降分析法。该方法能在半小时内分析一个样品，粒度达 5μm，并且在 10min 内算出质量分数。这种方法存在的第一个限制是，温度波动能影响检测器的输出功率，使测定的准确度受影响；第二个限制是浓度问题，在低浓度时，测定散射度比测定透射度的灵敏度要高。实验发现，这种方法的灵敏度可达到小于 0.01%(100mg/L)的浓度，这时悬浮液的透明度对人眼来说几乎已是透明的了。当然，这种浓度实际上并不是最低的，对海水而言，还是相当高的浓度。因此，水源中间协调委员会于 1963 年又配置了一套利用散射光的仪器，可测定 $0 \sim 10 \times 10^{-6}$ 的浓度和 $0.020 \sim 0.120$mm 的颗粒直径。

②纯光学分析法。根据透射光强度随粒度变化的原理，Burt(1955)用贝克曼分光光度计测定悬浮沉积物的浓度和粒度。分光光度计读出的光密度 E_λ 被定义为穿过沉积池室的光能以 10 为底的负对数。对每立方厘米中含 N 个一定直径(以厘米计)的球状颗粒，其关系式为

$$0.23E_\lambda = \pi R^2 NK$$

为了研究单分散系的直径，Burt 在不同波长上测定了样品的光密度，然后以 E_{600} 去除每一个值。当作出 $f(E_\lambda)$ 对 λ 的曲线时，此结果与浓度无关，而可直接与 Burt 所计算的一组 $f(k)$ 曲线对比。将试验曲线重叠在计算的曲线上，并根据内插法就可确定颗粒直径。用已知粒度频率分布的综合曲线对比试验，$f(E_\lambda)$ 曲线就可能将这种方法用于多分散系，并估算颗粒值的分布。

Biggs(1968)利用 Lumitron 402E 型比色计测定水样透明度来确定粒度。该方法用双水样过滤以得到所需的浓度(以 mg/L 计)，根据透明度和重量资料，把透明度转变成体积减小系数，以确定光学粒度中位数：

$$\alpha = \frac{1}{L} \ln \frac{N_r}{N_0}$$

式中，α 为每厘米的体积减小系数；L 为程长；N_r 是距光源距离为 r 处的辐射强度；N_0 为光源辐射强度。利用 Postma(1961)研究确定的悬浮沉积样可见度 D、浓度 G 和颗粒直径 d 之间的关系式：

$$\frac{1}{D} = 0.15\frac{G}{d}$$

以及以往研究确定的可见度与中位直径的关系式：

$$\frac{\alpha}{4.38} = \frac{1}{D}$$

可得

$$d = \frac{0.657G}{\alpha}$$

于是，根据仪器测定的 α 和 G，就可以估算粒度。比较光学资料与显微镜资料，结果表明后者所得数值大约 30%。

(3) 库尔特计数器分析法。库尔特计数器是经常使用的仪器，测定的粒度区间为 $0.5\sim1.0\mu m$。其特点是只能在悬浮物低浓度甚至浓度低到 1×10^{-6} 的情况下进行工作，因此对一般方法准备的悬浮物还应进行稀释，如土壤要稀释到 $10\times10^{-6}\sim100\times10^{-6}$ 的浓度。该仪器适用于下述两种情况：①干的固结样量过小无法使用常规的分析法时；②河水、海水中的悬浮物，雨水中的尘埃，其浓度过低无法使用一般分析法时。

库尔特计数器发展很快，由最初只能测定血液中细胞的专用仪器到现在的新仪器，已能做直径为 $0.5\sim1000\mu m$ 的细胞和颗粒的快速、常规测定。其原理和操作已由 Allen(1966) 以及 Sheldon 和 Parsons(1967) 做过综合说明。该方法的基本原理很简单。如果在电解质中维持一个电场，颗粒所具有的电学性质与电解质不同，则在其进入电场时就占据了电解质的与其体积相等的空间，从而引起电场的变化，变化程度与颗粒的体积成正比。

实际工作时，在非导体的壁上穿一小孔形成一个电敏感带。这个电敏感带的体积大约为孔的 3 倍，包括孔本身以及两个半球。测定的样分散在适合的电解质中，并使之通过小孔。当每一个颗粒通过时，敏感带的电学性质即发生变化，这些变化被标度并以电压脉冲计算出来。用电滤波器排除大于和小于预定的两个界限的脉冲，仅对界限以内的脉冲计数。

仪器使用有两个条件。第一，颗粒与电解质的电阻必须不同，这点对地质研究领域并不重要，因为大多数地质样均具有很高的电阻，而大多数电解质均是低电阻的。第二，颗粒应当在一段时间内一个个地通过小孔。这就是说样品量应很少，如果取的样品量大，则悬浮液必须稀释。例如，用移液管法备的样，在分析前必须稀释约 1000 倍。

实验分析的流程。若为干样，5mg 就够了，最好是粉砂和黏土粒度区间的样品，但砂样也可以(McCave and Jaris, 1973)。第一步是分解样品，最好使用超声波发生器，这不会破坏脆性矿物，通常处理 15min 即可。与此同时加 0.55% NaCl 和碱性分散剂(如氢氧化钠和六偏磷酸钠)，以使悬浮的胶体稳定。若样品是粉砂和黏土质的，则可用小孔径的库尔特计数器直接测定；若样品含较多量的砂，则需先通过 $88\mu m$ 的筛子。大于 $88\mu m$ 的部分冲洗后称重，然后以大孔径库尔特计数器分析到粒度的最大限为 1mm。小于 $88\mu m$ 部分用小孔径库尔特计数器来分析，分析的粒度区间是 $125\sim15.6\mu m$，而小于 $31\mu m$ 的部分是由沉降作用得出的样品。用 $100\mu m$ 和 $50\mu m$ 孔径的库尔特计数器，在引入物质时注意不要发生阻塞。各分析之间最好存在一定的超覆，如样品中含有机质，可用过氧化氢等试剂加以处理。关于小于 $2\mu m$ 部分的重量是由总重量减去上述的重量求得，在这部分中主要是可溶盐类，要用大量样品抽提，才能得到一定的含量。

库尔特计数器分析法与其他分析方法比较，其中一个优点是极为快速。目前由于仪器的改进，一个 1～500μm 粒度区间的样品，用 15min 即可得出粒度情况。该方法的另一个优点是所需样品极少，一般来说有火柴头那么大的样品便可，砂样测试的所需量稍多，但也不超过 2g。因此，可以分析纹层的单层粒度情况。该方法的最后一个优点是它可以在整个粒度区间取得统一的粒度参数(体积参数)。而缺点是抽样问题比较复杂，因为所用样品量极少。

关于求得统一的粒度参数问题，目前随着仪器的改进，很多方法都能做到，如沉积筒法、移液管法、筛析法等。过去认为粒度分布在 30～50μm 上存在的"分析间断"(图 1-13)是方法变换引起的，后来用 250～18μm 的一套筛子求出统一的粒度参数，结果仍然存在"分析间断"，证明此间断并非分析方法不同引起的，可能是沉积物在搬运过程中形成集合体引起的。

库尔特计数器求出的粒度分布与移液管法和沉积筒法求得的结果大体一致(图 1-13)。

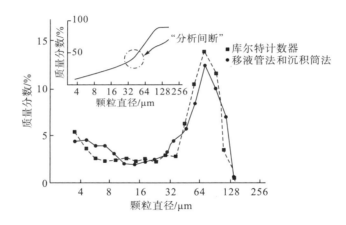

图 1-13   某河口泥坪沉积物的粒度分布

注：圆点为移液管法(3～60μm)和埃默里沉积筒法(30～250μm)的分析结果；方点为库尔特计数器的分析结果；上方小插图为重新绘成的累计曲线，其中的小圆圈表示"分析间断"

六、显微镜下的粒度分析

载片粒度分析法。松散颗粒的粒度分析只使用少量样品，因此可从野外样品中取 20g 或 25g，然后用四分法或微分样器分样得到所需的样品量。如果颗粒是干的状态，则可将样品移到清洁的玻璃载片上，并且用铅笔轻敲载片的边缘，使颗粒处于稳定位置。这时颗粒的最大投影面(包含最长直径和中间直径)会平行于载片表面。若颗粒是湿的，则制备载片时需注意使颗粒互相分离，不能重叠，最好是一薄层，测定时可测全部样品，也可用机械台沿一定间距的直线测定直线通过的颗粒。

薄片粒度分析法。此方法由于固结的硅质胶结或重结晶的泥质胶结的砂岩和粉砂岩松解困难，或者根本无法松解，不能采用筛析、沉降分析而发展起来的方法。在我国，上述难以松解的沉积岩从地质时代上和区域上分布均十分广泛。另外，因井壁取心或钻井岩屑样品是小样，做筛析往往有困难，但可磨成薄片做粒度测定。鉴于粒度分析资料对沉积岩研究，特别是对岩相古地理研究的重要性，开展显微镜下薄片粒度分析工作将具有现实的重要意义。

　　薄片粒度分析法是测定一定粒度颗粒数占比，而不是质量分数，所以它是属于粒算法。由于薄片切过的不一定是颗粒中心，求出的粒度必然小于实际情况，因而存在切面效应的处理问题。此外，由于颗粒形状常为不规则状，特别是板状和片状矿物，测定颗粒的不同轴，结果的差别很大。一般测定颗粒的视长轴，但也有人想使结果与筛析接近而测定视短轴。测定时的抽样方法对结果也有明显的影响，不同的抽样方法，它们的结果是不能直接比较的。下面简略讨论一下这些问题。

　　(1)关于切面效应。薄片上测得的粒度虽然普遍小于真实的粒度，但球状颗粒任意切面的大小与真正的大小之间存在固定的关系，Krumbein 和 Pettijohn(1938)把等大的铅球铸在蜡中并磨片测定其视半径。以视半径对频数作图，得出一条向右平滑弯曲上升的曲线(图 1-14)，根据观察实测资料计算出的平均直径只是真正球半径的 0.763 倍。如果我们只根据薄片观察资料来考虑问题，就会将一些不同大小的圆误认为是不同大小的球的最大切面，而得出的平均半径将比真正的球半径小 24%。也就是说，如果不做校正，不仅得不出正确的粒度分布，而且无法得出正确的平均值。沉积物情况就更为复杂，一方面它不是同等大小的颗粒，其任意切面圆的大小更复杂；另一方面，同样的视直径代表的是大小不同的颗粒(图 1-15)。

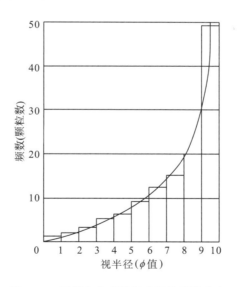

图 1-14　同等大小球的视半径的频数分布

　　校正方法可以从颗粒分布的矩值与切面粒度分布矩值之间的数学关系中得到。其前 4个矩关系式为

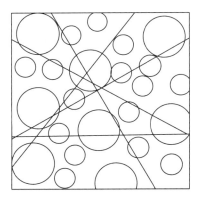

图 1-15 不同大小球体的任意切面

注：黑直线代表切面方向

$$\alpha x_1 = \frac{\pi}{4} \alpha \gamma_1 \text{ 或 } \alpha \gamma_1 = 1.27 \alpha x_1$$

$$\alpha x_2 = \frac{2}{3} \alpha \gamma_2 \text{ 或 } \alpha \gamma_2 = 1.50 \alpha x_2$$

$$\alpha x_3 = \frac{3}{16} \alpha \gamma_3 \text{ 或 } \alpha \gamma_3 = 5.33 \alpha x_3$$

$$\alpha x_4 = \frac{8}{15} \alpha \gamma_4 \text{ 或 } \alpha \gamma_4 = 1.87 \alpha x_4$$

式中，x_i (i=1, 2, 3, 4) 为薄片下实测的颗粒视半径，从一系列的 x_i 可计算出矩值 αx_1、αx_2、…。通过上述关系式将 αx_1、αx_2、…换成 $\alpha \gamma_1$、$\alpha \gamma_2$、…，即可得到校正。现举例说明如下。

设有一样品，其颗粒的半径（或直径）测定后，经分组统计，得到各组的颗粒数（即频数 f ）及各组大小的中值（即组中值），将它们分别填入表 1-3 的前三列中。然后分别计算出 fx、x^2 及 fx^2（如表 1-3 所示列于后三列中）。最后就可得到第一矩值，$\alpha x_1 = \dfrac{\sum fx}{\sum f} = \dfrac{170.24}{518}$

≈ 0.329；第二矩值，$\alpha x_2 = \dfrac{\sum fx^2}{\sum f} = \dfrac{61.783}{518} \approx 0.119$。更高的矩以相同方法用 x 的更高次幂求得，然后根据前述公式校正。$\alpha \gamma_1 = 1.27 \alpha x_1 \approx 0.418$ mm，即该样品校正后的算术平均值；$\alpha \gamma_2 = 1.50 \alpha x_2 \approx 0.179$。样品标准差公式为 $\sigma = \sqrt{\alpha \gamma_2 - \alpha \gamma_1^2} = \sqrt{0.179 - (0.418)^2} \approx 0.071$ mm。关于矩计算的原理和方法详见第二章。

还有其他校正计算方法，如 Sahu(1965)将粒径转换成颗粒重量频率矩，也根据上述方法求出其前 4 个矩关系式，再利用它算出粒度平均值、标准差等参数。

表 1-3 某岩样薄片颗粒直径分布表

直径/mm	频数 f	组中值 x	fx	x^2	fx^2
0.08～0.16	16	0.12	1.92	0.014	0.224
0.16～0.24	87	0.20	17.40	0.040	3.480
0.24～0.32	155	0.28	43.40	0.078	12.100
0.32～0.40	150	0.36	54.00	0.130	19.500

续表

直径/mm	频数 f	组中值 x	fx	x^2	fx^2
0.40～0.48	65	0.44	28.60	0.192	12.500
0.48～0.56	32	0.52	16.64	0.271	8.670
0.56～0.64	8	0.60	4.80	0.360	2.880
0.64～0.72	4	0.68	2.72	0.463	1.850
0.72～0.80	1	0.76	0.76	0.579	0.579
总计	518		170.24		61.783

（2）抽样问题。常用的抽样方法有点计法、线计法和带计法三种。点计法是最快速且准确的方法。需要使用网格目镜，凡网格交点碰到的颗粒均要测定粒径，并予计数[图 1-16（a）]。也可以联合利用点计目镜和电动计数器或点计机械台和自动点计器。线计法使用机械台等距离地移动薄片，测定纵线或横线通过的全部颗粒的粒径并计数[图 1-16（b）]。带计法是测定一个带内的全部颗粒[图 1-16（c）]，带的宽度应等于或大于薄片内颗粒的最大视长径，方法是选择包含颗粒较多的薄片中间部分，然后用机械台在垂直目镜微尺的方向上慢慢移动薄片，凡位于微尺一定读数之间（如 20～30）的颗粒，均需测定。利用此抽样法时，需系统地安排测带，使之测定能全面。带计法是最接近“全面测定”的抽样法，被 Van der Plas（1962）认为是最准确的方法。他用石英砂做实验，对比了各种抽样法的结果（图 1-17）。图 1-17（a）是与颗粒等体积的球的直径频数分布；图 1-17（b）是筛析结果（为了便于比较，全部的 n 都代表颗粒数，而不代表质量分数，筛析的 n 也不例外），可看出筛析的结果较之直径频数分布的粒度偏细，这是因为筛析的分选不仅根据粒度，而且受颗粒形状的影响，同时最细一筛下的频数未继续分级，故属于小于该级的全部颗粒的频数偏高，但颗粒总数又是一定的，因此，较粗粒部分的占比相对地更低一些。图 1-17（c）～图 1-17（g）是颗粒载片测定的结果，这种载片因系松散的颗粒，故平行载片的颗粒面往往是最大投影面，包含最长直径和中间直径，因此，其粒度分布总体偏粗，而其中的表面频数分布（E）最接近直径频数分布，线计法最小视直径（F）也比较接近。图 1-17（h）～图 1-17（k）是薄片测定的结果，其中以带计法最理想；用最大视直径得出的粒度偏粗，但能看出粒度分布的细节情况，测定最小视直径时，方位和形状的影响较小，但只能得出一般情况，细节不是很清楚。

根据图 1-17 可看出，进行薄片粒度测定时，最好是测视表面的面积，带计法测视长径或视短径，然而此图一个很大的缺点是，只就粒算而言，根本未考虑重量频率情况。

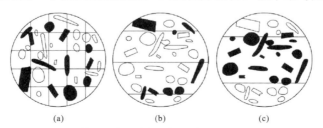

图 1-16　薄片分析抽样方法（黑色的为被抽测颗粒）

（a）点计法；（b）线计法；（c）带计法

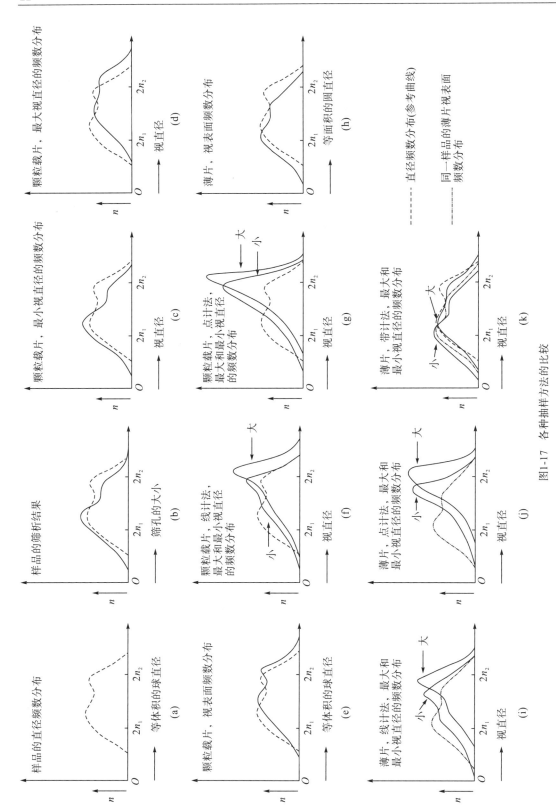

图1-17 各种抽样方法的比较

　　各种抽样方法为什么得出的结果不同呢？这是因为点计法、线计法抽样的结果不仅是存在的颗粒情况的函数，而且与颗粒能否被选上的概率有关。线计法中颗粒被选的概率与该线垂直的颗粒切面视直径大小成正比，直径大时，被选的概率就大；点计法则是点触到颗粒的概率，与视平面的面积成正比。因此，它们的结果理所当然是有差别的。应该指出，沉积岩石学工作者之间，如 Friedman（1965a，1965b）、Van der Plas（1965）及 Stauffer（1966）等对点计法、线计法、带计法结果的看法尚有分歧。我们认为，如果有条件，最好使用点计法，由于它测定的是面积百分比，故能较为方便地转换成质量分数，以及进行各种统计处理。

　　（3）测定的颗粒数问题。各家采用的标准不同，有 500 颗、400 颗、300 颗、250 颗，甚至有人主张 50 颗就够了。测数过多，费时间；测数过少，则达不到精度要求。因此，在工作之前应先做试验以确定"稳定频率"方法是选测几个有代表性的样品，在每个样品的两个薄片上分别对 100 颗、200 颗、300 颗、400 颗、500 颗颗粒的测值进行统计，并求出粒级参数 Q_1、M_d、Q_3 等，有时甚至做 600 颗、1000 颗的计数。测定时要注意，测线至少要均匀地布满大小为 30mm×20mm 薄片的 75%面积，不能集中在薄片的一边。然后对各粒度参数值作图，看多少颗粒开始达到稳定频率（图 1-18），一般 400 颗或 600 颗即可达到稳定频率，之后的日常测定中，就采用此颗粒数为应测的颗粒数。这里需要注意，薄片的面积必须足够大或使用两个薄片。但较粗粒的砂岩要得到足够的测数往往很困难，这时可以采用醋酸纤维素（有机玻璃）揭片来代替薄片，揭片的面积可以较大。揭片的方法详见附录。

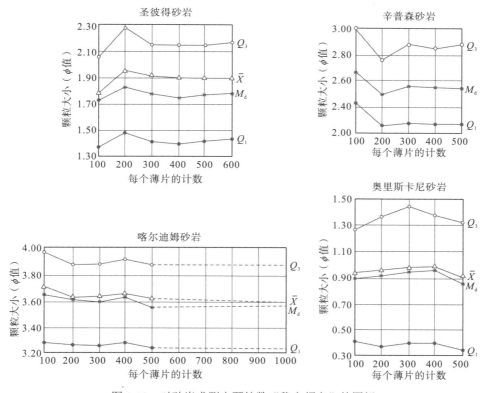

图 1-18　对砂岩求测定颗粒数"稳定频率"的图解

注：Q_1 表示 25%含量的颗粒大小；Q_3 表示 75%含量的颗粒大小；M_d 表示 50%含量的颗粒大小；$\overline{X}$ 表示平均直径

(4)薄片粒算结果换算成筛析结果的方法。有关此问题,很多人进行过研究。有些人认为需要换算,但实际上并不存在普遍适用的换算因数,只能在一定的信度界限内得到经验换算公式,而且也只适用于一个工区范围;还有人企图用测量颗粒短轴的办法,以使结果接近筛析的结果,但可惜他们可依据的样品太少,证据不足。

Friedman(1958,1962)的换算方法虽不够完善,但近年来常为人所引用。

Friedman 根据 38 个以石英砂岩为主、少量次硬砂岩及硬砂岩为辅的样品推算出换算方程。这些样品因均系钙质胶结,可用稀盐酸加以松解,因此有可能同时进行筛析和薄片粒算法分析。他用点计法测定的是颗粒的视长轴直径,同时每个样品测 500 颗颗粒。他还测定了因工作者不同所造成的误差,并认为此误差不能忽视。因此,如工作时是几个人同时做薄片粒度分析,应该平均他们的结果,否则会造成误差。

Friedman 所得结果,表现出薄片的粒度分布较筛析的偏粗,而且二者不完全平行,在较细粒部分两曲线不止一次地交叉(图 1-19)。38 个砂岩样品均属正态分布,而在概率纸上,薄片较筛析所成直线更好,只在细粒部分稍偏离直线,而筛析在这部分偏离更大。

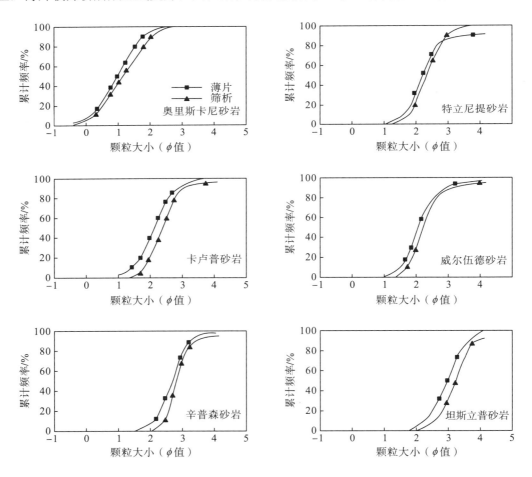

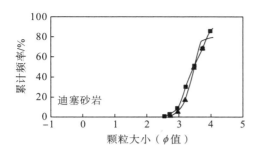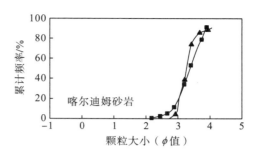

图 1-19 砂岩筛析和薄片粒算累计频率曲线的比较

筛析和薄片粒算累计频率曲线得出的 Q_1（第一四分位数）、M_d（中位数）、Q_3（第三四分位数）的回归分析线性相关，同时三个参数联合使用时也呈线性相关（图 1-20）。Friedman 使用的 Q_1 代表 25% 含量的粒级，Q_3 代表 75% 含量的粒级。其回归方程如下。

$$Q_1（筛析）=0.3377+0.9300Q_1（薄片）$$
$$M_d（筛析）=0.3724+0.9063M_d（薄片）$$
$$Q_3（筛析）=0.4293+0.8807Q_3（薄片）$$
$$Q（联合的，筛析）=0.3815+0.9027Q（薄片）$$

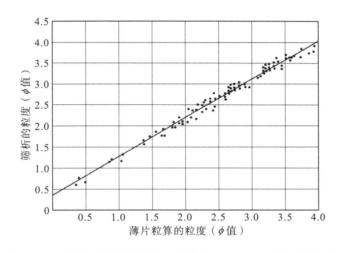

图 1-20 筛析和薄片粒算的粒度参数（Q_1、M_d、Q_3 联合）回归线

检查表明，联合方程并不比单个参数的回归方程作图效果差，因此，实际应用时使用联合方程就可以了。校正后的薄片资料几乎与筛析结果一致，同时比其他校正方法效果都好（图 1-21）。

Friedman 以他的回归方程为基础，作出一种换算图纸，以简化换算手续。图纸由 A、B 两尺构成（图 1-22）。A 尺代表薄片的粒度值，是以 $\frac{1}{4}\phi$ 分格，用 A 尺作出薄片的累计频率曲线，在 B 尺上即可读出换算后的参数，B 尺上的分格是 0.1ϕ。

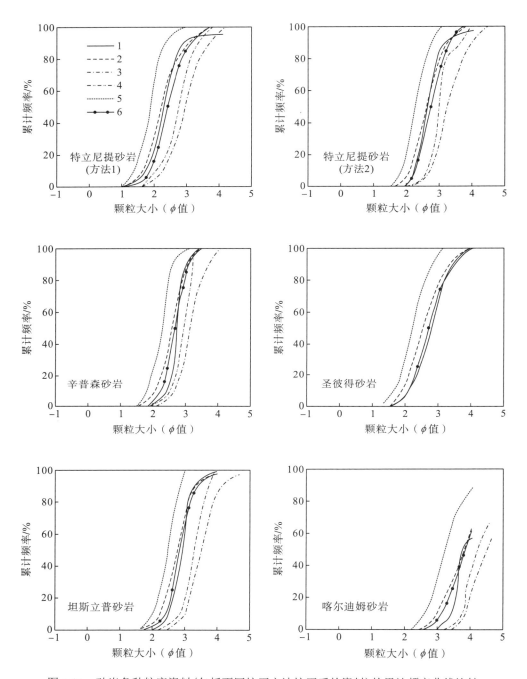

图 1-21 砂岩各种粒度资料(包括不同校正方法校正后的资料)的累计频率曲线比较

1. 筛析；2. 视长轴薄片；3. 视短轴薄片；4. Packham(1955)颗粒短轴资料；5. 用 Greenman(1951)法校正后的视长轴薄片资料；
6. 用 Friedman 法校正后的视长轴薄片资料

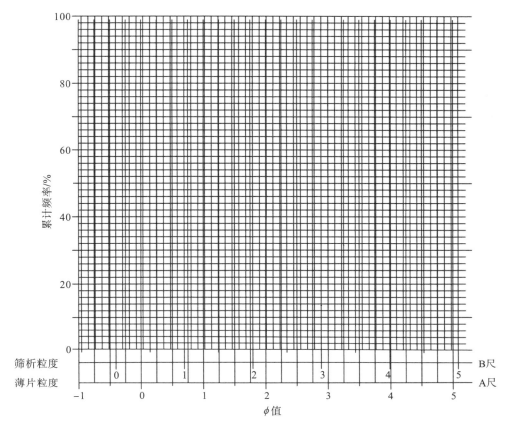

图 1-22　将薄片资料换算成筛析资料的简化尺

图 1-22 不能用于将筛析资料换算成薄片资料。另外，还需注意的是，该回归方程根据的砂岩是石英碎屑含量超过 70%且分选性为中偏好的情况，而且均属单众数正态分布。自然界的情况要复杂得多，Friedman 曾谈到，对分选性差的砂岩，该校正方法也能适用，但他没谈这种看法的根据。然而石英含量低及双众数的砂岩，即使是 Friedman 也不认为该校正方法是适用的。

关于筛析资料矩值与薄片资料矩值的换算问题，Friedman 也根据上述的 38 个砂岩做了研究，得出表 1-4 所列的换算方程。

表 1-4　筛析资料矩值与薄片资料矩值的换算方程表

回归方程	相关系数 γ	决定系数 γ^2
平均值(筛析)=1.0550 平均值(薄片)+0.3602	0.9927	98.6%
M_d(筛析)=0.7747M_d(薄片)+0.1044	0.8628	74.4%
σ(筛析)=0.7177σ(薄片)+0.1356	0.7871	62.0%
α_3(筛析)=0.3647α_3(薄片)+0.2241	0.5107	26.1%
α_4(薄片)=0.2002α_4(筛析)+3.4607	0.4466	19.9%

从表 1-4 中的方程可看出，平均值的换算最有效，图 1-23 是它的回归线。换算后的薄片平均值与筛析平均值的关系近 1∶1(图 1-24)。

方差(或称均方差)和标准差的换算回归方程勉强可以利用，但点较分散。方差较标准差的情况稍好(图 1-25，图 1-26)。

偏度和峰度两种资料的相关性差，换算方程无效。

(5)薄片粒算法中的其他问题。一般对轮廓不清楚的碎屑及重矿物不予计数。有人建议只测单矿物石英，但石英必须在各种粒级内都均匀地分布，而不是集中在某一粒级中。因为石英是近等轴形的颗粒，切片效应的校正比较准确，然而对硬砂岩或长石砂岩，若只测石英则不具代表性。

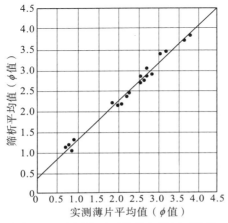

图 1-23　实测薄片平均值与筛析平均值的回归线

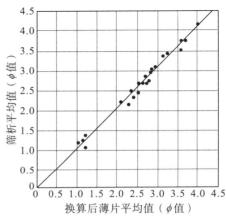

图 1-24　换算后的薄片平均值与筛析平均值的回归线

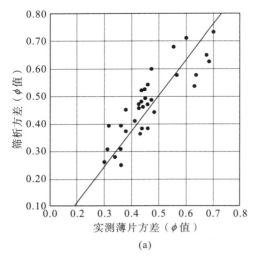

(a)

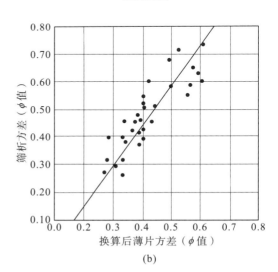

(b)

图 1-25　方差的回归线

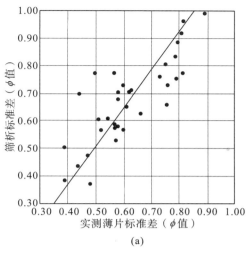 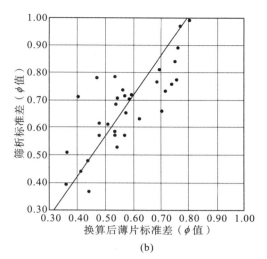

图 1-26　标准差的回归线

　　对于细粒级部分，有人建议小于 20μm 时可不必测定，而是采取和筛析一样的估计办法。Glaister 和 Nelson(1974)则建议将小于 30μm 的部分全归入 $5\phi \sim 5.5\phi$ 粒级中。

　　关于切片应取什么方向，各家的看法也不一致。一方面，沉积物常是由一些纹层组成的，垂直纹层的切片代表复合的沉积环境，只有一个纹层才代表单一一致的沉积环境，复合环境的样品可以有几个粒度最大值，而不是一个简单的正态分布或对数正态分布。另一方面，颗粒的分布常具方向性。为了使得到的资料比较客观、正确，并有代表性，切片最好垂直层理且垂直组构面。在薄片内最好见不到层理，同时抽样线或带也不要与层理痕迹平行，而是与之垂直。如果在薄片上可以见到层理，则应在不同层内分别抽样，并且分别获取处理结果。但也有人主张平行层理切片，这对纹层岩石比较适用。不管怎样，同一地区应采取相同的原则，才能互相比较。

　　在薄片粒度分析中，还需测量出黏土基质的含量(小于 20μm 或 30μm)。

　　除上述问题外，最重要的还是在露头上取的切片样品应具代表性，否则不管下多大工夫，得出的结果都不能说明问题。

　　本书以鄂尔多斯盆地三叠系延长组深湖相重力流沉积物为例，采用四川大学开发的岩石薄片孔隙特征及粒度彩色图像分析系统 CIAS-2007 开展基于薄片粒算法的粒度分析(图 1-27)。以交互式粒度分析为例，首先启动粒度分析系统程序，此时会显示程序界面和操作选项。单击选择交互式粒度分析选项，进入交互式粒度分析的操作界面。在界面顶部菜单栏中选中"薄片信息"，继续选择"添加新薄片"选项，此时会弹出样品信息窗口(图 1-28)。根据窗口所提示的内容填写待测试样品的信息，完成之后单击"确定"按钮。再次在"薄片信息"菜单下选择"新视场"，继续在下拉菜单中选择"摄像"选项，会弹出薄片镜下实时监控的画面。此时通过偏光显微镜观察岩石薄片，选取颗粒大小分布均匀且能代表薄片整体粒度分布特征的视域，作为下一步开展粒度测量的范围。确定以后在右侧菜单栏单击"停止摄像"选项，然后调整所摄照片参数，直到能清晰分辨颗粒和胶结物等成分，从而整体提高粒度测量的精准度。完成照片参数调整后单击"确定"按钮，完成图像采集。此时窗口主界面将显示所采集的图像，点击"选择标尺"，选择所摄图像的物镜放大倍数，确定后即可开始测量。

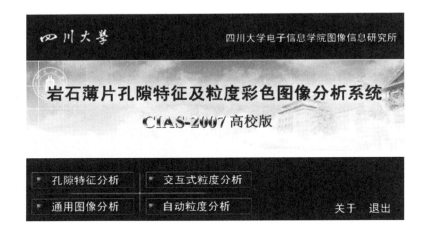

图 1-27　四川大学开发的岩石薄片孔隙特征及粒度彩色图像分析系统 CIAS-2007 操作界面

图 1-28　样品信息填写界面

　　选择菜单栏中的"测量砂粒的长径或短径"选项，选中图像中的某一颗粒，本次采用测量长径的方法沿着颗粒较长直径的方向拖动鼠标，即完成一个粒径的测量，图像中则会显示出一条线表示颗粒的长径(图 1-29)。本书按照带计法的原理把每一张薄片粒度图像作为一个统计带，测量了每幅图像内的所有颗粒的长径。完成一幅图像的粒度测量后，重复上述步骤，进行下一幅薄片图像的粒径测量，直至测量颗粒数达到 400～500 颗的最小

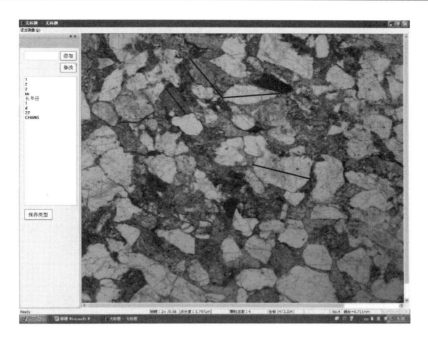

图 1-29　颗粒长径测量界面

测量要求，即完成一件样品的粒度测量工作。完成测量后，选择菜单栏中的"报表"选项，在下拉菜单中选择"保存为 word 文档"（图 1-30），测量的所有粒度参数数据将会以图表的形式进行统计分析并输出为 word 文档格式（表 1-5～表 1-8，图 1-31）。

图 1-30　保存粒径测量为 word 文档界面

表 1-5　粒径测量统计结果

序号	粒度		薄片测定			筛析校正			杂基校正(筛析)	
	毫米值/mm	ϕ 值	粒数	频率/%	累计/%	粒数	频率/%	累计/%	频率/%	累计/%
1	≥2.0000	≤-1.00	0	0.00	0.00	0	0.00	0.00	0.00	0.00
2	1.6818	-0.75	0	0.00	0.00	0	0.00	0.00	0.00	0.00
3	1.4142	-0.50	0	0.00	0.00	0	0.00	0.00	0.00	0.00
4	1.1892	-0.25	4	0.83	0.83	0	0.00	0.00	0.00	0.00
5	1.0000	-0.00	17	3.54	4.37	2	0.42	0.42	0.42	0.42
6	0.8409	0.25	28	5.83	10.21	4	0.83	1.25	0.83	1.25
7	0.7071	0.50	86	17.92	28.13	31	6.46	7.71	6.46	7.71
8	0.5946	0.75	96	20.00	48.12	57	11.87	19.58	11.87	19.58
9	0.5000	1.00	84	17.50	65.63	107	22.29	41.87	22.29	41.87
10	0.4204	1.25	66	13.75	79.37	99	20.62	62.50	20.62	62.50
11	0.3536	1.50	50	10.42	89.79	79	16.46	78.96	16.46	78.96
12	0.2973	1.75	30	6.25	96.04	52	10.83	89.79	10.83	89.79
13	0.2500	2.00	11	2.29	98.33	32	6.67	96.46	6.67	96.46
14	0.2102	2.25	6	1.25	99.58	11	2.29	98.75	2.29	98.75
15	0.1768	2.50	1	0.21	99.79	4	0.83	99.58	0.83	99.58
16	0.1487	2.75	1	0.21	100.00	1	0.21	99.79	0.21	99.79
17	0.1250	3.00	0	0.00	100.00	1	0.21	100.00	0.21	100.00
18	0.1051	3.25	0	0.00	100.00	0	0.00	100.00	0.00	100.00
19	0.0884	3.50	0	0.00	100.00	0	0.00	100.00	0.00	100.00
20	0.0743	3.75	0	0.00	100.00	0	0.00	100.00	0.00	100.00
21	0.0625	4.00	0	0.00	100.00	0	0.00	100.00	0.00	100.00
22	0.0526	4.25	0	0.00	100.00	0	0.00	100.00	0.00	100.00
23	0.0442	4.50	0	0.00	100.00	0	0.00	100.00	0.00	100.00
24	0.0372	4.75	0	0.00	100.00	0	0.00	100.00	0.00	100.00
25	0.0313	5.00	0	0.00	100.00	0	0.00	100.00	0.00	100.00
26	0.0156	6.00	0	0.00	100.00	0	0.00	100.00	0.00	100.00
27	0.0078	7.00	0	0.00	100.00	0	0.00	100.00	0.00	100.00
28	0.0039	8.00	0	0.00	100.00	0	0.00	100.00	0.00	100.00
29	<0.0039	>8.00	—			0	0.00	100.00	0.00	100.00

表 1-6   各类粒度参数统计结果(一)

概率累计	1%	5%	10%	16%	25%	50%	75%	84%	90%	95%
ϕ 值	0.17	0.40	0.55	0.67	0.81	1.10	1.44	1.62	1.76	1.95

表 1-7   各类粒度参数统计结果(二)

类型	砾石,$\phi \leq -1$	巨砂,$-1< \phi \leq 0$	粗砂,$0< \phi \leq 1$	中砂,$1< \phi \leq 2$	细砂,$2< \phi \leq 3$	极细砂,$3< \phi \leq 4$	粗粉砂,$4< \phi \leq 5$	细粉砂,$5< \phi \leq 8$	黏土,$\phi >8$
含量	0.00%	0.42%	41.46%	54.58%	3.54%	0.00%	0.00%	0.00%	0.00%

表 1-8   各类粒度参数统计结果(三)

方法	平均值 M_z	标准偏差 σ	偏度 SK	峰度 K
矩值法	1.13	0.47	0.34	3.15
图解法	1.13	0.47	0.10	1.01

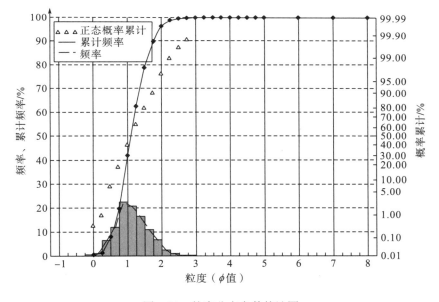

图 1-31   粒度分布参数统计图

七、半自动、自动粒度分析仪

显微镜粒度分析法是最直接的分析法,因为它是测量颗粒的外形而非物理性质,因此,常以其结果作为检验其他方法的标准。然而一般的显微镜粒度分析法工作既枯燥、单调、易疲劳又费时间,同时因测数少而使结果不够精确。用半自动、自动测量粒度的装置可以解决这个问题。

1. 蔡司 TGZ-3 型粒度分析仪

这是最常用的半自动粒度分析仪,是在一张适当放大的照片上进行测定。当欲测某个颗粒时,将此颗粒移到光图板的中心,操作人员可以调节左边的手轮,使板上中心照射的光点面积接近欲测颗粒的面积。如果颗粒轮廓是圆形的,则光点范围调整到与颗粒轮廓一致即可。也可以像在显微镜下测粒度那样,调节光点的直径使之与颗粒的最大视直径一致。膜瓣光圈的可调区间是 1.2~27.7mm 或 0.4~9.2mm。在调整好光点的大小后,操作人员可控制一个脚踏开关,它能在测量过的颗粒上打孔做记号,同时激发一个具有 48 个连续等级的计数器的存储单元,不仅在单个计数组上记数,而且在总数上增加 1。经过一定的操作后,可以在 15min 内测定(包括计算和分组)1000 个颗粒。

用蔡司 TGZ-3 型粒度分析仪工作时,不那么疲劳而且速度快得多,然而缺点是要准备照片。另外,因照片的曝光点是固定的,一张照片所包含的颗粒不够测定时要照几张照片,因此要注意各照片之间不要重叠。

2. 维克分像目镜(Vickers image splitting eyepiece)

维克分像目镜可装在显微镜上直接观察,其原理是在显微镜的目镜和物镜之间加上由修改过的马赫-曾德尔(Mach-Zehnder)干涉仪组成的分像目镜。此干涉仪由两个能旋转的棱镜组成,每个棱镜是由一个菱形和一个直角形的棱镜粘在一起构成的。当两个棱镜的位置平行时,颗粒呈一个像;当微尺螺旋转动时,棱镜同时向相反方向转动,形成分像效应,每个颗粒都分成两个同平面的像。两个像还可再次重叠或易位。球状颗粒(断面为圆)的直径可通过分开两个像至彼此相切,读出微尺上移动的距离即球状颗粒的直径。然而还要用显微镜的常数将此距离换算成真正的长度单位。最大视直径的求法是,平行视长轴方向分开颗粒的像,直到两个像相切。

虽然分像目镜是一个很准确并有用的粒度测定工具,但仍需读微尺,当测数很大时会很麻烦,同时还要用显微镜装置常数换算并做分类计数。为了简化流程而设计了自动计数装置。自动计数装置是将微尺连接一个电桥通向 16 个电子脉冲计数器,每个计数器相当于微尺的一定位移区间,即一定的颗粒大小。电桥的一半是一个高分辨电位计,它与微尺连接并产生与微尺位置相当的类比电压;电桥的另一半是一个对数电压分压器。当一个颗粒被分像时,操作人员踏一下脚踏开关,它就激发多级开关产生类比电压。在有一定实际经验时,每小时能测定 1000 个颗粒。

本仪器可测定颗粒的长、宽或直径,特别是测当量圆直径非常有用。若颗粒断面本来就是圆的,则求当量圆直径很简单;若颗粒断面为其他非圆的形状,则可按图 1-32 来进行。图内粗线与各细线轮廓位置之间的距离即代表当量圆直径,并给出不同位置图像轮廓之间的距离情况。工作时只要按相当的方向来分像,并分到图内表示的合适位置即可。

因为视域内所有的颗粒同时都分像,为了避免混淆,最好选择颗粒不拥挤的地方,或在维克分像目镜中加一网格微尺片,以保证颗粒的测定不会重复。显微镜的放大范围可以是 10~1000 倍,因此细粒物质也可以测定。

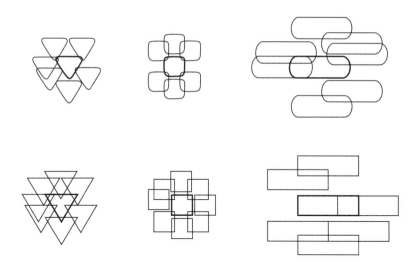

图 1-32　求非圆形断面颗粒的当量圆直径的图示

3. 自动粒度分析仪

这是一种自动测粒度的装置。将一张薄片置于显微镜载物台上，成像的光线就被分开，一部分光线进入目镜供目视检查，另一部分进入摄像机。显示器上会显示出照射的视域并指明仪器正在测量的参数特征。

扫描光点扫过颗粒边界时，在不同颗粒上亮度有差别，选定亮度差的级别后，摄像机会将不同颗粒亮度差变为电压差输出，由一个电子检测器接收，传输到计算机，得出所需的资料，如不同粒度的颗粒数及粒度分布情况等。然而，此仪器不能将颗粒数换算成重量频率，也不校正切片效应所带来的误差。

第二章　粒度分析资料整理及解释

第一节　资料整理

　　粒度测量可获得大量的粒度数据，这种大量的数据资料要用统计的方法加以处理，以便用来归纳可能的总体特征。统计需要综合资料，综合的方法有两种：①作图法，根据资料作出一些统计图，从这些图上做定量的解释；②计算法，直接从粒度资料手工或用计算机计算统计参数，而不经中间的作图阶段。两种方法各有优缺点，计算法尽管计算起来相当快速方便，但是不同时作出各种统计图，就不能对资料有总体和直观的认识，不易察觉是否为双众数曲线，看不出因称重或筛孔不合格引起的误差，也无法得出形成环境的一般认识。对一个混合的粒度组合，实际上任何方法都不如作图法好。因为不可能有一个"复合参数"能完全揭示出复杂的分布性质。最后，在用作图法求参数时，能简单快速地得出达到一般要求的近似值。因此，目前一般是作图和计算两种方法同时采用。

一、作图法

　　常用的粒度图有直方图（或称柱状图）、频率曲线图以及累计曲线图等。

　　直方图是以粒径区间为横坐标，以频率（或频数）为纵坐标作成的一种最简单的统计图（图 2-1）。它以矩形面积代表频率（或频数）的分布，优点是相比于其他类型的图能更直观地表示出各种样品粒度的变化，以及众数的位置和移动、偏度的情况等。如果将直方图上各矩形上边中点连成一圆滑曲线则成为频率曲线图（图 2-2，曲线 1），这种图的优点是能更准确地确定众数值，即出现最高频率时的粒度值。

　　累计曲线图又称累计百分含量图，是以粒径（ϕ 值）为横坐标，以累计频率或概率累计值为纵坐标进行作图，用来表现大于一定粒级的百分含量的统计图。如果纵坐标是累计频率则称为累计频率图（图 2-2，曲线 2），如果以概率累计值为纵坐标作图则叫作概率累计曲线图（图 2-2，曲线 3）。后者是使用正态概率纸或对数正态概率纸作图。由于粒度分布一般属正态分布或对数正态分布，故累计频率曲线多呈"S"形，而概率累计曲线则为直线形。累计曲线的优点是：①可以用分组或不分组的资料作图，同时曲线形状不太受分组间隔的影响；②可以从曲线上直接读出分布的四分位值或任意分位值，如 Q_1、M_d、Q_3 等；③在正态概率纸上作图，便于用肉眼对正态分布做比较，更重要的是还可进一步说明颗粒搬运状态。累计曲线的缺点是不如直方图那样一目了然，特别是不易确定曲线的众数值和众数组。

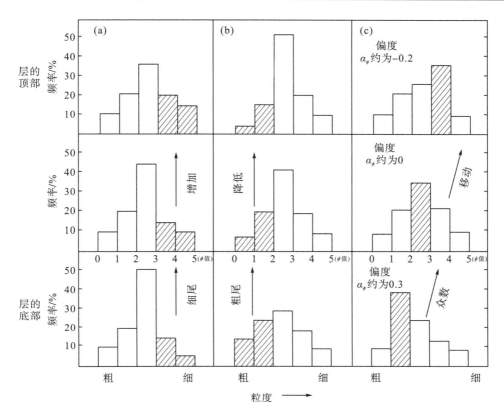

图 2-1　一些粒度样品的直方图

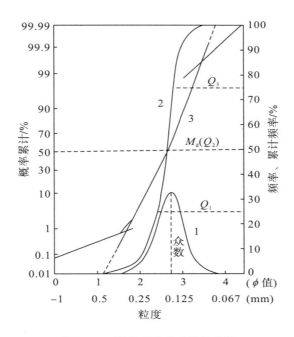

图 2-2　三种粒度分布曲线的比较

1. 频率曲线；2. 累计频率曲线；3. 概率累计曲线

除此之外，还常用三角图表示粒度。三角形的三个端元分别代表一定的粒度，如砂、粉砂、黏土。由点在图上的位置不仅可看出粒度分布情况，还可看出不同地区或剖面上粒度的变化趋势。

二、矩值法

求频率分布较好的方法是矩值法。它是考虑整个频率分布，而不是只考虑少数百分位数（如累计频率为 1%、5%所对应的粒径），当然不能用矩值表示的数字特征（如中位数和众数）则不能求出。矩值法的基本原理如下（林少宫，1963）。

设观测数 x_1、x_2、$\cdots$、x_n 为取自某个总体的一个容量为 n 的随机样本，则可将 r 阶原点矩定义为

$$\alpha_r = \frac{1}{n}\sum_{i=1}^{n} x_i^r \quad (r = 1, 2, \cdots, n)$$

当 $r=1$ 时，就得到样本平均值，通常记为

$$\overline{x} = \frac{1}{n}\sum_{i=1}^{n} x_i$$

r 阶样本中心矩则定义为

$$m_r = \frac{1}{n}\sum_{i=1}^{n}(x_i - \overline{x})^r \quad (r = 1, 2, \cdots, n)$$

显然，也有

$$m_1 = \frac{1}{n}\sum_{i=1}^{n}(x_i - \overline{x}) = 0$$

原点矩和中心矩具有以下关系：

$$m_2 = \alpha_2 - \alpha_1^2$$
$$m_3 = \alpha_3 - 3\alpha_1\alpha_2 + 2\alpha_1^3$$
$$m_4 = \alpha_4 - 4\alpha_3\alpha_1 + 6\alpha_2\alpha_1^2 - 3\alpha_1^4$$

给出了上述样本矩定义后，对于凡是能用矩来表示的总体数字特征，都容易写出其相应的样本数字特征。例如，方差、标准差、偏度等，定义为

方差 $\sigma^2 = m_2$，标准差 $\sigma = \sqrt{m_2}$，偏度 $C_s = \frac{m_3}{m_2^{3/2}} = \frac{m_3}{\sigma^3}$（偏度又称偏倚系数）

有人认为偏度可定义为

偏度 $\text{SK} = \frac{C_s}{2} = \frac{m_3}{2\sigma^3}$，峰度 $C_E = \frac{m_4}{m_2^3} = \frac{m_4}{\sigma^4}$（峰度又称峰态系数）

有人认为峰度可定义为

峰度 $K = C_E - 3 = \frac{m_4}{\sigma^4} - 3$

当样本容量很大时，计算极为烦琐。这时可将观测值适当分组，用组中值（即组的上限和下限的平均值）代替这组的所有观测值进行近似计算。则 r 阶原点矩的定义为

$\alpha_r = \dfrac{\sum\limits_{j=1}^{n} f_j x_j^r}{\sum\limits_{j=1}^{n} f_j}$ ，式中 n 为分组数，第 j 组的组中值为 x_j，组频数为 f_j，则有

$$\alpha_1 = \frac{\sum\limits_{j=1}^{n} f_j x_j}{\sum\limits_{j=1}^{n} f_j} \quad (j=1,2,\cdots,n)$$

同理有

$$\alpha_2 = \frac{\sum\limits_{j=1}^{n} f_j x_j^2}{\sum\limits_{j=1}^{n} f_j}, \quad \alpha_3 = \frac{\sum\limits_{j=1}^{n} f_j x_j^3}{\sum\limits_{j=1}^{n} f_j}, \quad \alpha_4 = \frac{\sum\limits_{j=1}^{n} f_j x_j^4}{\sum\limits_{j=1}^{n} f_j}$$

第一章中表 1-4 的计算原理就是这样。如果设各组中值到某一个假想样本平均值的组中值（ $\overline{x}_h$ ）之差为 $x_j - \overline{x}_h$，并采取等距分组且令组距为 k，再令 $d_j = \dfrac{x_j - \overline{x}_h}{k}$ ，则可得

$$\alpha_1 = \frac{\sum\limits_{j=1}^{n} f_j d_j}{\sum\limits_{j=1}^{n} f_j}, \quad \alpha_2 = \frac{\sum\limits_{j=1}^{n} f_j d_j^2}{\sum\limits_{j=1}^{n} f_j}$$

$$\alpha_3 = \frac{\sum\limits_{j=1}^{n} f_j d_j^3}{\sum\limits_{j=1}^{n} f_j}, \quad \alpha_4 = \frac{\sum\limits_{j=1}^{n} f_j d_j^4}{\sum\limits_{j=1}^{n} f_j}$$

以及

$$m_1 = \overline{x} = \overline{x}_h + k\alpha_1, \quad m_2 = \sigma^2 = k^2(\alpha_2 - \alpha_1^2)$$
$$m_3 = k^3(\alpha_3 - 3\alpha_1\alpha_2 + \alpha_1^3), \quad m_4 = k^4(\alpha_4 - 4\alpha_3\alpha_1 + 6\alpha_2\alpha_1^2 - 3\alpha_1^4)$$

这样就进一步简化了公式以便作近似计算（Griffiths，1967）。

下面举例说明详细计算程序。

（1）首先将观测粒级分组，各组组中值及频数分别列入表 2-1 前三列内：设 $\overline{x}_h$ 为 5.5。随后计算 d_j、$f_j d_j$、$f_j d_j^2$、$f_j d_j^3$、$f_j d_j^4$ 以及 $f_j(d_j-1)^4$ 等乘积，并填入相应的列内。最后，计算 $\sum f_j d_j$、$\sum f_j d_j^2$、$\sum f_j d_j^3$、$\sum f_j d_j^4$ 及 $\sum f_j(d_j-1)^4$，也填入表中。

（2）总数检验，表的最后一栏 $\sum f_j(d_j-1)^4$ 是作检验用的，因为 $\sum f_j(d_j-1)^4$ 展开正好包含表中各总和项。

$$\sum f_j(d_j-1)^4 = \sum f_j d_j^4 - 4\sum f_j d_j^3 + 6\sum f_j d_j^2 - 4\sum f_j d_j + \sum f_j$$
$$2019 = 705 + 412 + 774 + 28 + 100$$

表 2-1　矩值计算法实例（组距 $k=1\phi$）

粒级分组（ϕ 值）	x_j	f_j	d_j	$f_j d_j$	$f_j d_j^2$	$f_j d_j^3$	$f_j d_j^4$	$f_j(d_j-1)^4$
1～2	1.5	1	−4	−4	16	−64	256	625
2～3	2.5	2	−3	−6	18	−54	162	512
3～4	3.5	6	−2	−12	24	−48	96	486
4～5	4.5	21	−1	−21	21	−21	21	336
5～6	5.5	40	0	0	0	0	0	40
6～7	6.5	25	1	25	25	25	25	0
7～8	7.5	4	2	8	16	32	64	4
8～9	8.5	1	3	3	9	27	81	16
合计		100		−7	129	−103	705	2019

等号两边相等，说明各项计算无误。

（3）计算各种矩值：

$$\alpha_1 = \frac{\sum f_j d_j}{\sum f_j} = \frac{-7}{100} = -0.07, \quad \alpha_2 = \frac{\sum f_j d_j^2}{\sum f_j} = \frac{129}{100} = 1.29$$

$$\alpha_3 = \frac{\sum f_j d_j^3}{\sum f_j} = \frac{-103}{100} = -1.03, \quad \alpha_4 = \frac{\sum f_j d_j^4}{\sum f_j} = \frac{705}{100} = 7.05$$

$$m_1 = \overline{x} = \overline{x}_h + k\alpha_1 = 5.5 - 0.07 = 5.43$$

$$m_2 = \sigma^2 = k^2(\alpha_2 - \alpha_1^2) = 1.29 - 0.0049 = 1.2851$$

$$\sigma = \sqrt{1.2851} \approx 1.1336$$

$$m_3 = k^3\alpha_3 - 3\alpha_1\alpha_2 + 2\alpha_1^3$$
$$= -1.03 + 3 \times 1.29 \times 0.07 - 2 \times 0.000343$$
$$\approx -0.7598$$

$$C_s = \frac{m_3}{\sigma^3} \approx \frac{-0.7598}{1.4568} \approx -0.5216, \quad SK = \frac{C_s}{2} = -0.2608$$

$$m_4 = k^4\alpha_4 - 4\alpha_3\alpha_1 + 6\alpha_2\alpha_1^2 - 3\alpha_1^4$$
$$= 7.05 - 4 \times 1.03 \times 0.07 + 6 \times 0.0049 \times 1.29 - 3 \times 0.00002401$$
$$\approx 6.7995$$

$$C_E = \frac{m_4}{\sigma^4} \approx \frac{6.7995}{1.6515} \approx 4.1172, \quad K = C_E - 3 = 4.1172 - 3 = 1.1172$$

（4）基本统计参数：

平均值 $\overline{x}_\phi = 5.43$，标准差 $\sigma_\phi = 1.1336$，偏度 $SK = -0.2608$，峰度 $K = 1.1172$

应该指出，这种计算程序是根据 ϕ 值粒级进行的。

除上述的矩值法外，还有一种计算方法，虽然计算更复杂，但过去也常应用，因此作相关介绍，以备参考。此法使用的参数定义如下：

$$\text{平均值}\ \overline{x}_\phi = \frac{\sum fx}{100\sum f}\ ,\quad \text{标准差}\ \sigma_\phi = \sqrt{\frac{\sum f(x-\overline{x}_\phi)^2}{100\sum f}}\ ,$$

$$\text{偏度}\ \mathrm{SK}_\phi = \frac{\sum f(x-\overline{x}_\phi)^3}{100\sum f\sigma_\phi^3}\ ,\quad \text{峰度}\ K_\phi^* = \frac{\sum f(x-\overline{x}_\phi)^4}{100\sum f\sigma_\phi^4}$$

式中，f 表示每一粒级的质量分数，$\sum f = 100\%$；x 表示每一 ϕ 值粒级间隔的中点。下面举一例说明其计算程序(表 2-2)。

表 2-2　矩值法实例(分组间隔是 $\frac{1}{2}\phi$)

粒级分组 （ϕ 值）	组中值 m （ϕ 值）	质量分数 /%	fx	偏差 $x-\overline{x}$	偏差平方 $(x-\overline{x})^2$	$f(x-\overline{x})^2$	偏差立方 $(x-\overline{x})^3$	$f(x-\overline{x})^3$	偏差四次方 $(x-\overline{x})^4$	$f(x-\overline{x})^4$
0~0.5	0.25	0.9	0.2	-2.13	4.54	4.09	-9.67	-8.70	20.60	18.54
0.5~1.0	0.75	2.9	2.2	-1.63	2.66	7.71	-4.34	-12.59	7.07	20.50
1.0~1.5	1.25	12.2	15.3	-1.13	1.28	15.62	-1.45	-17.69	1.63	19.89
1.5~2.0	1.75	13.7	24.0	-0.63	0.40	5.48	-0.25	-3.43	0.16	2.19
2.0~2.5	2.25	23.7	53.3	-0.13	0.02	0.47	0.00	0.00	0.00	0.00
2.5~3.0	2.75	26.8	73.7	0.37	0.13	3.48	0.05	1.34	0.02	0.54
3.0~3.5	3.25	12.2	39.7	0.87	0.76	9.27	0.66	8.05	0.57	6.95
3.5~4.0	3.75	5.6	21.0	1.37	1.88	10.53	2.57	14.39	8.52	19.71
>4.0	4.25	2.0	8.5	1.87	3.50	7.00	6.55	13.10	12.25	24.50
合计		100.0	237.9			63.65		-5.53		112.82

先计算出 $\overline{x}_\phi = \dfrac{\sum fx}{100\sum f} = \dfrac{237.9}{100} = 2.379$ ，然后再求其他参数。

标准差 $\sigma_\phi = \sqrt{\dfrac{63.65}{100}} \approx 0.80$，偏度 $\mathrm{SK}_\phi = \dfrac{-5.53}{100\times 0.8^3} \approx -0.11$，峰度 $K_\phi = \dfrac{112.82}{100\times 0.8^4} \approx 2.75$ 。

第二节　粒　度　分　布

一、正态分布

密度函数为

$$\phi(x,\alpha,\sigma) = \frac{1}{\sqrt{2\pi}\sigma}\mathrm{e}^{-\frac{(x-\alpha)^2}{2\sigma^2}}$$

式中，α 为平均值；σ 为标准差。当 $\alpha=0$、$\sigma=1$ 时称为标准正态分布(图 2-3)。通常以符号 $\phi(x,\alpha,\sigma)$ 代表平均值为 α、标准差为 σ 的正态分布，其中 α 及 σ 称为正态分布

的统计参数。在坐标图上，α 为曲线最高点所对应的横坐标，σ 的值表示分布的分选度（图 2-4）。

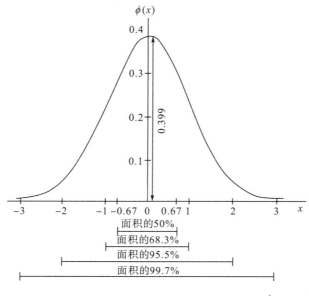

图 2-3　标准正态分布曲线 $\phi(x,0,1)=\dfrac{1}{\sqrt{2x}}\mathrm{e}^{-\frac{x^2}{2}}$

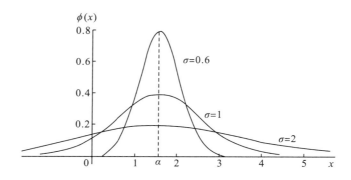

图 2-4　α 相同而 σ 不同的各种正态分布曲线形状

正态分布具有以下特点：①分布关于平均值 α 对称，一个正态分布的样本，最好的平均值估计方法是算术值的 $\bar{x}=\sum(x/n)$，n 为样本组分数，x 为组中值，正态分布的平均值、中位数和众数是一致的，偏度为 0，峰度等于 3；②理论上，在平均值的两边延展到无限大和无限小，但边部的面积很小，面积主要集中在横坐标 $x=\alpha+3\sigma$ 上面的部分（图 2-3），在区间 $[\alpha-\sigma,\alpha+\sigma]$ 中间，面积占 68.3%，这接近于累计曲线 16%～84%中间的部分，区间 $[\alpha-2\sigma,\alpha+2\sigma]$ 的面积占 95.5%，区间 $[\alpha-3\sigma,\alpha+3\sigma]$ 占到 99.7%的面积，区间 $[\alpha-1.96\sigma,\alpha+1.96\sigma]$ 及 $[\alpha-0.6745\sigma,\alpha+0.6745\sigma]$ 分别占面积的 95%和 50%，正态分布曲线与横坐标围成的面积是 1；③正态曲线在 x 取 $\alpha + \sigma$ 处有拐点，当 $x \to \infty$ 时，分布曲线以 x 轴为渐近线；④正态分布样本的平均值仍然遵从正态分布，参数为 α、$\sigma / \sqrt{n}$，n 为抽样数。

　　有些分布虽然不是对称的，但它们的对数曲线仍属于正态分布，遵从函数

$$f(\lg x) = \frac{1}{(\sqrt{2\pi})\sigma} e^{-\frac{(\lg x - \lg \alpha)^2}{2\sigma^2}}$$，称为对数正态分布（图 2-5）。

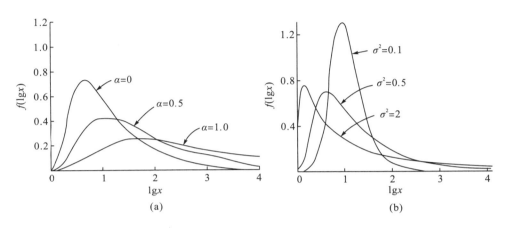

图 2-5　对数正态分布曲线

　　当粒度是 ϕ 值时得出的为正态分布曲线，当粒度为毫米值时则得到对数正态分布曲线，这时曲线向着细粒偏斜。沉积岩石学中很多测值接近正态分布或对数正态分布（表 2-3）。

表 2-3　易于形成正态分布或对数正态分布测值表

容易形成正态分布的测值	容易形成对数正态分布的测值
①粒度（ϕ 值）	①粒度（毫米值）
②圆度（ρ 值）	②层的厚度
③球度	③岩石中某些稀有成分的百分比，如痕量元素
④砂岩颗粒的排列密度	④河流的流量
⑤砂岩的孔隙度	
⑥斜层理的倾角	
⑦一些古流向资料	
⑧岩石所含矿物成分的百分比，位于 25%~75% 之间的部分	
⑨岩石中某些化学氧化物的百分比	
⑩浊流速度的变化	
⑪测量的误差	

　　在正态概率图纸（图 2-6）上作正态分布或对数正态分布图，得到的概率累计曲线为一直线。有些粒度分布是由几条直线段组成的，通常解释成是由几个正态分布线段合成的。

每一线段可称为一个总体或次总体；线段相交的地方称为截点。如果两个总体有较明显的混合作用，则在相接处成曲线连接而非直线相交，两直线段延长线交点到曲线的垂直距离称为混合度。

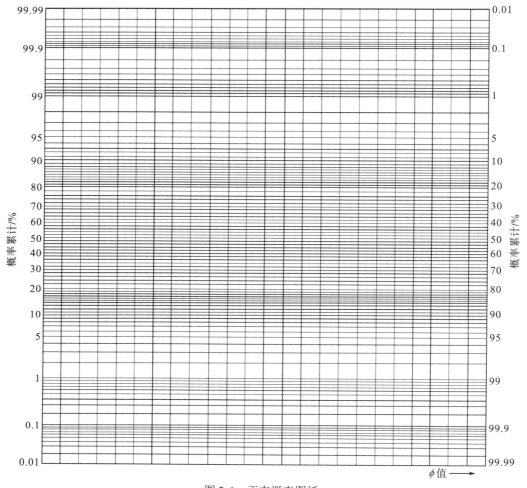

图 2-6　正态概率图纸

二、罗辛分布

压碎或火山喷发的自然碎屑物质、冰碛物、表土(花岗岩的山麓碎石)等的粒度不属正态分布或对数正态分布，相反，它们遵从压碎物的罗辛分布(Rosin and Rammlet，1933)。罗辛分布与正态分布非常近似，在有些分选数值区间，用肉眼很难看出两种分布曲线的区别(图 2-7)。罗辛分布在正态概率图纸上作图不成直线，然而在罗辛概率图纸(制作方法见后述)上则成一直线。

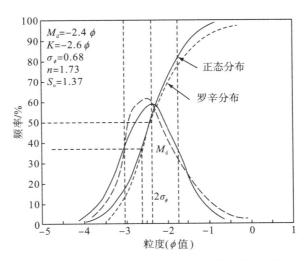

图 2-7　正态分布曲线与罗辛分布曲线的形态比较

M_d. 正态曲线的中位数；K. 罗辛曲线中相当于累计质量分数为 36.78%的粒度；S_o. 特拉斯克分选系数；
σ_ϕ. 正态分布的 ϕ 值标准差；n. 罗辛分布的分选系数

罗辛分布数学公式最早的形式是

$$R = 100\mathrm{e}^{-bx^n} \tag{2-1}$$

其导数为

$$y = 100nbx^{n-1}\mathrm{e}^{-bx^n} \tag{2-2}$$

式中，R 代表样本内大于 x 毫米值粒级粒径的质量占比，即累计质量分数；b 是粒度的反参数；n 是分选系数，数值上等于罗辛概率图纸上曲线斜率的正切；y 是频率（罗辛分布曲线的纵坐标）；e 是自然对数的底；b 与平均粒度呈负相关关系，经修改后，$b = (1/k)^n$（Bennett，1936）。将修改后的 b 代入式(2-1)，得

$$R = 100\mathrm{e}^{-(1/k)^n x^n} = 100\mathrm{e}^{-(x/k)^n} \tag{2-3}$$

如果 $x = k$，则式(2-3)变为 $R = 100\mathrm{e}^{-1} \approx 36.78$。因此，粒度参数 K 为相当于累计质量分数为 36.78%时的粒度，其与正态曲线的 M_d（相当于累计质量分数为 50%的粒度）的粒度意义相似。罗辛分布中的 n 与正态分布中的标准差 σ 相似，但 σ 与平均值互相独立，而 n 则是 K 的函数。另外，n 若小于 1，则分布曲线在 $x > 0$ 的实值区间没有最大值，同时，此累计曲线也没有实拐点。

可以通过肉眼检查数据在罗辛概率图纸上的线性趋势来简单判断罗辛分布拟合的良好程度，并进一步通过严格的数学检验判断拟合良好性。特别是对以数目频率表示的资料，一般广泛应用的是 χ^2 检验，但筛析是重量频率资料，因此，χ^2 检验不适用。对罗辛分布拟合良好性的检验是利用罗辛方程本身所具有的线性性质。罗辛方程可以直接导出方程：

$$\lg\lg\left(\frac{100}{R}\right) = C + n\lg x \tag{2-4}$$

式中，C 为常数，等于当 $\lg x = 0$ 时直线在纵坐标上的截距。

式(2-4)为一线性方程，也就是说以 $\lg\lg\left(\dfrac{100}{R}\right)$ 为纵坐标，以 $\lg x$ 为横坐标时，式(2-4)

为一条直线。相当于罗辛分布的筛析资料，在这种作图纸上应该呈线性趋势，因此可用一条回归线来拟合这些资料。

Kittleman（l964）用 IBM-1964 计算机做了回归线的计算。他将样品筛析得到的大量的 R（累计质量分数）及 x（颗粒毫米值粒度）输入计算机，即能将它们转换为 RLLOG $\left[\text{RLLOG}=\ln\ln\left(\dfrac{100}{R}\right)\right]$ 和 ϕ 值，并算出回归系数 A 和 B，分别相当于方程（2-4）的 C 和 n。

因为任何资料都可以拟合回归线，所以需要检验回归线的线性程度。这一步骤也是用计算机做 F 检验。将输出的 F 统计值与统计表上相应自由度的 F 分布作比较，如果计算值小于临界值，就认为资料呈线性分布的假设可被接受，因而是符合罗辛分布的。这个计算程序在 1620-FORTRAN-1 程序化代码中有现成的，Kittleman（1964）的研究中也有详细说明，可供参考。

罗辛分布可用于判别火山碎屑物质从空气中降落后是否又经过改造。河成火山碎屑岩属对数正态分布，未经改造的火成碎屑物质大致遵从罗辛分布，因此，在罗辛概率图纸上作图即可判明。图 2-8 是采自火山口边的样品在罗辛概率图纸上画出的曲线，其粗粒部分显然是呈直线的，但从 -1ϕ 起的较细粒部分呈正偏趋势。另外，在有些样品中也出现过这样的偏离，但为负偏。这可能是风的改造所致，也可能是在松解或筛析时细粒部分磨损较大所致，还可能是粒度不同时矿物成分有变化等原因造成的。这里粒度不同时矿物成分有变化指的是在小于 -1ϕ 处岩屑、晶屑和结晶集合体增多。图 2-9 是两个炽热崩落的发光火山云沉积样品的粒度分布，显示均由两个直线段组成，可能是反映所含物质成分不同因而造成双众数。这些样品的分布曲线在正态概率图纸上的形状都不成直线（图 2-10），证明它们均属罗辛分布，而非正态（或对数正态）分布。然而，一些玻屑凝灰岩试验结果却服从正态分布（图 2-11），很可能是受过改造所致。样品 C 最为明显，因为在这层中曾发现很好的摆动波痕。

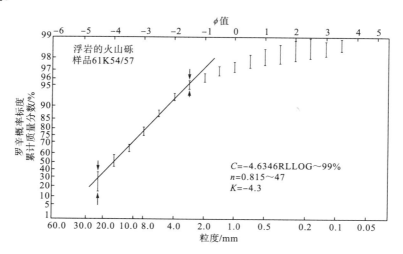

图 2-8　火山碎屑物质在罗辛概率图纸上的分布情况和根据资料计算出来的回归线

注：图中垂直短线代表分析测定的粒度累计质量分数区间；垂直箭头指示对回归线线性所作检验可被接受的范围；
n 表示罗辛分布的分选系数；K 表示累计质量分数为 36.78% 时的粒度（ϕ 值）

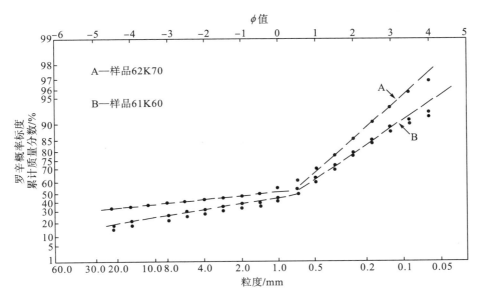

图 2-9　炽热崩落的火山云沉积样品的粒度分布

注：A、B 为两个样品，B 为两次重复分析

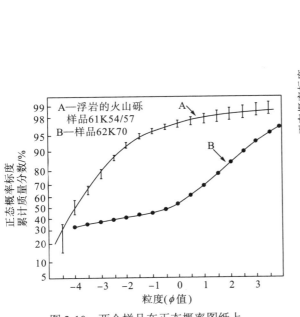

图 2-10　两个样品在正态概率图纸上
的粒度分布

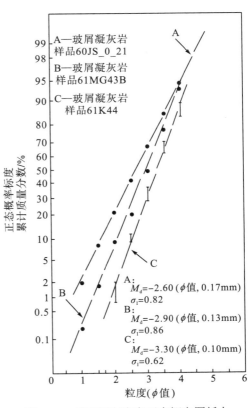

图 2-11　玻屑凝灰岩在正态概率图纸上
的粒度分布

冰碛物和表土物质也符合罗辛分布(图 2-12)。可以根据在罗辛概率纸上作图是否成直线来区分冰碛物和冰河沉积物;将与对数正态分布偏离的程度,作为离源区远近的分选性指数,离源区越远分选性越好,与对数正态分布偏离的程度越小。

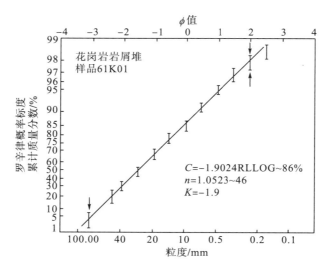

图 2-12　花岗岩岩屑堆在罗辛概率纸上的图形

注: 图内符号见图 2-8 的说明

罗辛概率图纸要自己制作。制图的根据是罗辛方程的线性形式,即式(2-4),现将其推导简述如下:

$$R = 100\mathrm{e}^{-\left(\frac{x}{k}\right)^n}$$

两边均除以 100,并取倒数,即得

$$\frac{100}{R} = \mathrm{e}^{\left(\frac{x}{k}\right)^n}$$

两边取两次对数:

$$\lg\left(\frac{100}{R}\right) = \left(\frac{x}{k}\right)^n \lg\mathrm{e}$$

$$\lg\lg\left(\frac{100}{R}\right) = n(\lg x - \lg k) + \lg\lg\mathrm{e} \tag{2-5}$$

$$= n\lg x - n\lg k + \lg\lg\mathrm{e}$$

对于任何特定的分布,$\lg k$、n、$\lg\lg\mathrm{e}$ 等都是常数,因此,式(2-5)可以简化为前述线性形式的方程,即式(2-4)。

利用这个关系制作罗辛概率图纸的方法如下。

横坐标根据 ϕ 值及其毫米对数值进行分格标度,代表 $\lg x$。这里的每一个 ϕ 值间隔等于 $1\mathrm{in}$($1\mathrm{in}=25.4\mathrm{mm}$),一般是从 -6ϕ 到 5ϕ 就足够了。纵坐标是与 $\lg\lg\left(\dfrac{100}{R}\right)$ 值成正比分格,

并用累计质量分数 R 标度。根据式(2-4)，任何 $R(0 < R < 100\%)$ 都有一个 $\lg\lg\left(\dfrac{100}{R}\right)$ 值。后者的长度是用计算机按下述公式算出的：

$$\text{RLLOG} = \ln\ln\left(\frac{100}{R}\right)$$

使用以 e 为底的对数，是因为 FORTRAN 自动编码器可以自动计算 ln。计算出的 RLLOG 值见表 2-4。在 $R=36.78\%$ 时 RLLOG 为 0，$R < 36.78\%$ 时，RLLOG 为正，$R > 36.78\%$ 时，RLLOG 为负。以 $R=36.78\%$ 为起点，越远时，R 变化所得到的 RLLOG 变化越大。纵坐标上 RLLOG 的一个单位必须等于 1in。因为图的原点在 $R=1.0\%$ 处，而 R 为 1.0% 时 RLLOG 值为 1.5271，所以，RLLOG 零点应距原点 1.5271in。同样，99.0% 对应 RLLOG 零点上的 -4.6601。

表 2-4　罗辛概率图纸纵坐标 R 值对应的 RLLOG

R/%	RLLOG	R/%	RLLOG	R/%	RLLOG	R/%	RLLOG
1.0	1.5271	26.0	0.2979	51.0	−0.3054	76.0	−1.2930
2.0	1.3640	27.0	0.2695	52.0	−0.4247	77.0	−1.3418
3.0	1.2546	28.0	0.2413	53.0	−0.4543	78.0	−1.3924
4.0	1.1690	29.0	0.2133	54.0	−0.4842	79.0	−1.4451
5.0	1.0971	30.0	0.1856	55.0	−0.5144	80.0	−1.4999
6.0	1.0343	31.0	0.1580	56.0	−0.5450	81.0	−1.6572
7.0	0.9780	32.0	0.1305	57.0	−0.5760	82.0	−1.6172
8.0	0.9266	33.0	0.1031	58.0	−0.6074	83.0	−1.6802
9.0	0.8787	34.0	0.0758	59.0	−0.6393	84.0	−1.7466
10.0	0.8340	35.0	0.0406	60.0	−0.6717	85.0	−1.8169
11.0	0.7917	36.0	0.0214	61.0	−0.7046	86.0	−1.8916
12.0	0.7515	37.0	−0.0057	62.0	−0.7380	87.0	−1.9173
13.0	0.7130	38.0	−0.0329	63.0	−0.7721	88.0	−2.0570
14.0	0.6780	39.0	−0.0601	64.0	−0.8067	89.0	−2.1495
15.0	0.6401	40.0	−0.0874	65.0	−0.8421	90.0	−2.2503
16.0	0.5657	41.0	−0.1147	66.0	−0.8782	91.0	−2.3611
17.0	0.5720	42.0	−0.1421	67.0	−0.9150	92.0	−2.4843
18.0	0.5392	43.0	−0.1696	68.0	−0.9527	93.0	−2.6231
19.0	0.5072	44.0	−0.1972	69.0	−0.9913	94.0	−2.7826
20.0	0.4758	45.0	−0.2250	70.0	−1.0309	95.0	−2.9701
21.0	0.4451	46.0	−0.2250	71.0	−1.0715	96.0	−3.1985
22.0	0.4148	47.0	−0.2810	72.0	−1.1132	97.0	−3.4913
23.0	0.3850	48.0	−0.3092	73.0	−1.1561	98.0	−3.9019
24.0	0.3356	49.0	0.3377	74.0	−1.2002	99.0	−4.6601
25.0	0.3268	50.0	−0.3665	75.0	−1.2456		

注：$R=36.78\%$，RLLOG=0。

第三节　粒　度　参　数

经常使用的粒度参数有粒度平均值、分选系数、偏度、峰度等。下面依次讨论它们的定义及应用。

一、平均值

平均值代表粒度分布的集中趋势。若以有效能来表示，则代表沉积介质的平均动力能（速度）。沉积物的粒度平均值还在一定程度上取决于源区物质的粒度分布。

用矩值法求平均值的优点是能使整个粒度分布都投入计算；图解法则简单快速，通常读取的百分位数越多，得出的平均值越精确、越接近矩平均值。

已有的图解平均值定义不止一个。最简单的是 Trask(1930) 的定义，平均值为 ϕ_{50}。他的定义与中位数的定义分不开。Otto(1939) 的定义是 $M_\phi = (\phi_{16} + \phi_{84})/2$，这在地质界很流行，可能现在还有不少人在使用。然而，此定义存在忽略中间的第三值的缺点，因此不能充分地表示双峰或偏度曲线。为了补救这个缺点，Folk 和 Ward(1957) 提出了平均值 $M_z = (\phi_{16} + \phi_{50} + \phi_{84})/3$ 这个定义。McCammon(1962) 后来又进行了补充和完善，他的公式为 $(\phi_{10} + \phi_{30} + \phi_{50} + \phi_{70} + \phi_{90})/5$ 和 $(\phi_5 + \phi_{15} + \phi_{25} + \cdots + \phi_{85} + \phi_{95})/10$。而 Folk(1966) 认为最好的公式是 $(\phi_{0.5} + \phi_{1.5} + \phi_{2.5} + \cdots + \phi_{98.5} + \phi_{99.5})/100$，这样求得的平均值和矩平均值一样好。各种平均值与正态分布矩平均值 $\bar{x}_\phi$ 的接近程度如下：

Trask(1930)，ϕ_{50}，64%；

Otto(1939)，M_ϕ，74%；

Folk 和 Ward(1957)，M_z，88%；

McCammon(1962)，$(\phi_{10} + \phi_{30} + \phi_{50} + \phi_{70} + \phi_{90})/5$，93%；$(\phi_5 + \phi_{15} + \phi_{25} + \cdots + \phi_{85} + \phi_{95})/10$，97%。

也有研究人员考虑以众数来表明沉积物的粒度。众数是含量最多的颗粒粒径。正态分布的平均值、众数粒径及中位数（50%累计含量的粒径）是一致的、重合的，然而正偏或负偏的分布，三者则不完全一致，有些沉积物，如砾质砂岩的分布，可以含两个或更多的众数，其频率曲线表现出不止一个峰。其中含量最多的称为基本众数或第一众数，其次的为次要众数或第二众数，等等。求众数的近似方法是找累计曲线（算术坐标纸）的拐点或频率曲线上的峰值，有时也以含量最多的粒度组——众数组（或称模态组）来表示，如 $\frac{1}{4}\phi \sim \frac{1}{2}\phi$。

平均值可以反映沉积物的平均粒度。在剖面或区域上系统地研究平均值的变化情况，可了解物质来源及沉积环境的变化。目前比较重视众数，因为它对研究混合来源的物质特别有效，能反映混合来源的物质来源和沉积环境。用概率图纸作图时可以看出有时是由几个直线段组成，便于研究多众数的粒度情况。众数的各种变化，是引起陆源沉积物分选性、偏度、峰度变化的基本原因。

二、分选系数

Trask(1930)提出的是毫米值量度：

$$S_o = \sqrt{\frac{M_{m25}}{M_{m75}}} \text{ 或 } S_o = \sqrt{\frac{Q_1}{Q_3}}$$

有时也去掉根号，用以下的形式：

$$S_o = \frac{Q_1}{Q_3}$$

式中，M_{m25}、M_{m75} 分别代表 25%、75%累计含量的粒径，mm。这个公式目前还在被广泛地应用。

Krumbein(1936)提出了类似的 ϕ 值分选系数：

$$QD_\phi = \frac{\phi_{75} - \phi_{25}}{2}$$

并提出一个 S_o 和 QD_ϕ 的换算图(Krumbein and Pettijohn，1938)。

分选系数和粒度平均值一样，参加定义的测值越多，计算出来的分选系数越精确。上述的 S_o 和 QD_ϕ 都不能测定曲线中部的分选情况，只照顾了曲线的两端，而实际上分选性的变化大多数表现在尾部，即在 25%和 75%范围以外的部分。因此，这两种分选系数都不足以灵敏地反映颗粒的分选性。

在越来越多地使用标准差 σ 值的情况下，Otto(1939)提出 $\sigma_\phi = (\phi_{84} - \phi_{16}) / 2$，Folk 和 Ward(1957)认为这个值不适合双峰或偏度分布，因而制定了概括图解标准差 $\sigma_I = \phi_{84} - \phi_{16} / 4 + \phi_{95} - \phi_5 / 6.6$，这个 σ_I 值能更好地反映曲线尾部的分选性，因此经常被采用。

Sharp 和 Fan(1963)提出了一个复杂的百分数分选量度，它代表了一种新的分选概念。这个量度对明显的双峰沉积物特别有效。如果利用他们编制的表来计算，实际上并不困难。他们提出的分选系数公式为

$$S_i = 100 + k \sum_{i=1}^{n} f_i \lg f_i$$

式中，S_i 代表以百分数表示的分选系数；k 为根据粒级分组数求出的常数；f_i 为第 i 组的含量(质量分数)。

当所有的 f_i 为 1 或 0 时，$S_i = 100$；所有的 f_i 相等时，分选性最差，故 $S_i = 0$。实际计算时应首先分组，然后求常数 k，方法如下。

设 N 为总的组数，设各组的 f_i 都相等，则第 i 组的含量 f_i 为 $1/N$。因各 f_i 都相等，故 $S_i = 0$，即

$$0 = 100 + k \sum_{i=1}^{n} f_i \lg \frac{1}{N}$$

移项

$$-100 = k \lg \frac{1}{N} \sum_{i=1}^{n} f_i$$

因为是正态分布，故有

$$\sum_{i=1}^{n} f_i = \frac{N}{N} = 1$$

所以

$$-100 = k \lg \frac{1}{N}$$

$$k = \frac{100}{\lg N}$$

一般是根据乌登-温特沃思粒级，以 1ϕ 为间隔，实际上有意义的区间是 $-10\phi \sim 15\phi$，共 25 组。因此 $N=25$，此时的 k 值为

$$k = \frac{100}{\lg 25} \approx 71.5338$$

此时的分选系数为

$$S_i = 100 + 71.5338 \sum_{i=1}^{n} f_i \lg f_i$$

可以看出，手动计算 S_i 很复杂。故进一步将上式简化成：

$$S_i = 100 - \sum_{i=1}^{n} U_i, \quad U_i = -71.5338 f_i \lg f_i$$

编制好 f_i 的 U_i 数值表（表 2-5）。这样一来计算就变得方便了。下面举一个例子。

表 2-6 是一条河流洪水沉积的一个样品，只分析到 4ϕ 部分，经分组（1ϕ 间距）和计算组质量分数后，填入表 2-6 中。剩余的部分为土质（10.40%），其粒度分布可能有四种情况：①全部集中于 $4\phi \sim 5\phi$ 组中（表 2-6 第一栏的情况）；②均匀地分布在 $4\phi \sim 15\phi$ 的各组中（表 2-6 第二栏情况）；③只分布在 8ϕ 以前各组中（表 2-6 第三栏情况）；④土质继续细分的真实状况（表 2-6 第四栏）。各栏都进行计算，按各组质量分数（即 f_i）查表 2-5 得出相应的 U_i 值，分别填入表 2-6 中，各栏的 U_i 分别相加，得出各自的 $\sum_{i=1}^{n} U_i$ 值，最后通过公式即求出 S_i。计算结果表明，四种情况计算出的分选系数各不相同，因而分析时对细粒部分应尽可能地细分。

表 2-5　不同质量分数 f_i 对应的 U_i 值

f_{i1}	U_i								
	$f_{i2}=0.00$	$f_{i2}=0.10$	$f_{i2}=0.20$	$f_{i2}=0.30$	$f_{i2}=0.40$	$f_{i2}=0.50$	$f_{i2}=0.60$	$f_{i2}=0.70$	$f_{i2}=0.80$	$f_{i2}=0.90$
0.00	0.000	0.215	0.386	0.541	0.686	0.823	0.954	1.079	1.200	1.317
1.00	1.431	1.541	1.649	1.754	1.857	1.957	2.055	2.152	2.247	2.339
2.00	2.431	2.520	2.609	2.695	2.781	2.865	2.948	3.030	3.110	3.290
3.00	3.268	3.345	3.422	3.497	3.572	3.645	2.718	3.790	3.861	3.931
4.00	4.000	4.069	4.136	4.203	4.270	4.335	4.400	4.465	4.528	4.591
5.00	4.653	4.715	4.776	4.837	4.897	4.956	5.015	5.073	5.130	5.188

f_{i1}	U_i									
	$f_{i2}=0.00$	$f_{i2}=0.10$	$f_{i2}=0.20$	$f_{i2}=0.30$	$f_{i2}=0.40$	$f_{i2}=0.50$	$f_{i2}=0.60$	$f_{i2}=0.70$	$f_{i2}=0.80$	$f_{i2}=0.90$
6.00	5.241	5.300	5.356	5.411	5.466	5.520	5.573	5.626	5.679	5.731
7.00	5.783	5.834	5.885	5.936	5.086	6.035	6.085	6.133	5.182	6.230
8.00	6.277	6.324	6.371	6.418	6.464	6.510	6.555	6.600	6.644	6.689
9.00	6.733	6.776	6.819	6.862	6.905	6.947	6.989	7.031	7.072	7.113
10.00	7.153	7.194	7.234	7.273	7.313	7.352	7.391	7.4?9	7.467	7.505
11.00	7.543	7.580	7.617	7.654	7.691	7.727	7.763	7.799	7.834	7.869
12.00	7.904	7.939	7.973	6.008	8.012	8.075	8.109	8.142	8.175	8.207
13.00	8.240	8.272	8.304	8.336	8.367	8.398	6.429	8.460	8.491	8.521
14.00	8.551	8.581	8.611	8.640	8.670	8.690	8.727	8.756	8.784	8.813
15.00	8.841	8.869	8.896	8.923	8.950	8.977	9.004	9.031	9.057	9.083
16.00	9.109	9.135	9.161	9.1S6	9.211	9.236	9.261	9.286	9.310	9.334
17.00	9.358	9.392	9.406	9.420	9.453	9.476	9.499	9.522	9.544	9.567
18.00	9.589	9.611	9.633	9.655	9.677	9.698	9.719	9.740	9.761	9.782
19.00	9.803	9.823	9.843	9.864	9.884	9.903	9.923	9.942	9.962	9.981
20.00	10.000	10.019	10.038	10.056	10.074	10.093	10.111	10.129	10.147	10.164
21.00	10.182	10.199	10.216	10.233	10.250	10.267	10.284	10.300	10.316	10.333
22.00	10.349	10.364	10.380	10.396	10.411	10.427	10.442	10.457	10.472	10.487
23.00	10.501	10.516	10.530	10.545	10.559	10.573	10.586	10.600	10.614	10.627
24.00	10.641	10.654	10.567	10.680	10.693	10.705	10.718	10.730	10.743	15.755
25.00	10.757	10.779	10.791	10.802	10.814	10.825	10.837	10.848	10.859	10.870
26.00	10.881	10.892	10.902	10.913	10.923	10.933	10.943	10.953	I0.963	10.973
27.00	10.983	10.992	11.002	11.011	11.020	11.029	11.038	11.047	11.056	11.065
28.00	11.073	11.082	11.090	11.098	11.106	11.114	11.122	11.130	11.137	11.145
29.00	11.152	11.160	11.167	11.174	11.181	11.188	11.195	11.202	11.208	11.215
30.00	11.221	11.227	11.234	11.240	11.246	11.251	11.257	11.257	11.269	11.274
31.00	11.279	11.285	11.290	11.295	11.300	11.305	11.305	11.309	11.319	11.323
32.00	11.528	11.332	11.336	11.340	11.344	11.348	11.352	11.352	11.359	11.363
33.00	11.366	11.369	11.373	11.376	11.379	11.382	11.385	11.387	11.390	11.393
34.00	11395	11.398	11.400	11.402	11.404	11.40b	11.408	11.410	11.412	11.414
35.00	11.415	11.417	11.418	11.419	11.421	11.422	11.423	11.424	11.425	11.425
36.00	11.426	11.427	11.427	11.428	11.428	11.428	11.429	11.429	11.429	11.429
37.00	11.429	11.428	11.428	11.428	11.427	11.427	11.426	11.425	11.425	11.424
38.00	11.423	11.422	11.421	11.419	11.413	11.417	11.415	11.414	11.412	11.410
39.00	11.409	11.407	11.406	11.403	11.401	11.398	11.396	11.394	11.392	11.389
40.00	11.385	11.384	11.381	11.378	11.375	11.372	11.369	11.366	11.363	11.350
41.00	11.357	11.353	11.350	11.346	11.343	I1.339	11.335	11.331	11.327	11.323
42.00	11.319	11.315	11.311	11.306	11.302	11.298	11.293	11.289	11.284	11.279

f_{i1}	U_i									
	$f_{i2}=0.00$	$f_{i2}=0.10$	$f_{i2}=0.20$	$f_{i2}=0.30$	$f_{i2}=0.40$	$f_{i2}=0.50$	$f_{i2}=0.60$	$f_{i2}=0.70$	$f_{i2}=0.80$	$f_{i2}=0.90$
43.00	11.274	11.269	11.265	11.259	11.254	11.249	11.244	11.239	11.233	11.228
44.00	11.222	11.217	11.211	11.205	11.199	11.194	11.188	11.182	11.176	11.169
45.00	11.163	11.157	11.151	11.144	11.138	11.131	11.124	11.118	11.111	11.104
46.00	11.097	11.090	11.083	11.076	11.069	11.062	11.054	11.047	11.039	11.032
47.00	11.024	11.017	11.009	11.001	10.993	10.985	10.978	10.969	10.961	10.953
48.00	10.945	10.937	10.928	10.920	10.911	10.903	10.894	10.886	10.877	10.868
49.00	10.859	10.850	10.841	10.832	10.823	10.814	10.805	10.795	10.786	10.776
50.00	10.767	10.757	10.748	10.738	10.728	10.718	10.709	10.699	10.689	10.679
51.00	10.669	10.658	10.648	10.638	10.627	10.617	10.607	10.596	10.585	10.575
52.00	10.554	10.553	10.542	10.531	10.521	10.509	10.488	10.487	10.476	10.465
53.00	10.454	10.442	10.431	10.419	10.408	10.396	10.384	10.373	10.361	10.349
54.00	10.337	10.325	10.313	10.301	10.289	10.277	10.265	10.252	10.240	10.228
55.00	10.215	10.203	10.190	10.177	10.165	10.152	10.139	10.126	10.113	10.100
56.00	10.087	10.074	10.061	10.048	10.035	10.021	10.068	9.995	9.981	9.968
57.00	9.954	9.940	9.927	9.913	9.899	9.885	9.871	9.857	9.843	9.829
58.00	9.815	9.801	9.787	9.773	9.758	9.744	9.729	9.715	9.700	9.686
59.00	9.671	9.656	9.642	9.627	9.612	9.597	9.582	9.567	9.552	9.537
60.00	9.522	9.507	9.491	9.476	9.461	9.445	9.430	9.414	9.399	9.383
61.00	9.367	9.352	9.335	9.320	9.304	9.288	9.272	9.256	9.240	9.224
62.00	5.208	9.191	9.175	9.159	9.142	9.126	9.109	9.093	9.076	9.060
63.00	9.043	9.026	9.009	8.993	8.976	8.959	8.942	8.925	8.908	8.891
64.00	8.873	8.856	8.839	8.822	8.801	8.787	8.769	8.752	8.734	8.717
65.00	8.699	8.681	8.664	8.646	8.628	8.610	8.592	8.574	8.556	8.538
66.00	8.520	8.502	8.483	8.465	8.447	8.428	8.410	8.392	8.373	8.354
67.00	8.336	8.317	8.298	8.280	8.261	8.242	8.223	8.204	8.185	8.166
68.00	8.147	8.128	8.109	8.090	8.071	8.051	8.032	8.013	7.993	7.974
69.00	7.954	7.935	7.915	7.895	7.876	7.856	7.836	7.816	7.796	7.776
70.00	7.757	7.737	7.716	7.696	7.676	7.656	7.636	7.616	7.595	7.575
71.00	7.554	7.534	7.514	7.493	7.472	7.452	7.431	7.410	7.390	7.369
72.00	7.348	7.327	7.306	7.285	7.264	7.243	7.222	7.201	7.180	7.159
73.00	7.137	7.116	7.095	7.073	7.052	7.030	7.009	6.987	6.966	6.944
74.00	6.922	6.900	6.879	6.857	6.835	6.813	6.791	6.769	6.747	6.725
75.00	6.703	6.681	6.659	6.636	6.611	6.592	6.569	6.547	6.525	6.502
76.00	6.480	6.457	6.434	6.412	6.389	6.366	6.344	6.321	6.298	6.275
77.00	6.252	6.229	6.206	6.183	6.160	6.137	6.114	6.091	6.057	6.044
78.00	6.021	5.997	5.974	5.951	6.927	5.904	5.880	5.856	5.833	5.809
79.00	5.785	5.762	5.738	5.714	5.690	5.666	5.642	5.618	5.591	5.570

f_{i1}	U_i									
	$f_{i2}=0.00$	$f_{i2}=0.10$	$f_{i2}=0.20$	$f_{i2}=0.30$	$f_{i2}=0.40$	$f_{i2}=0.50$	$f_{i2}=0.60$	$f_{i2}=0.70$	$f_{i2}=0.80$	$f_{i2}=0.90$
80.00	5.546	5.522	5.498	5.473	5.449	5.425	5.400	5.376	5.352	5.327
81.00	5.303	5.278	5.253	5.229	5.204	5.180	5.155	5.130	5.105	5.080
82.00	S.055	5.031	5.006	4.981	4.956	4.931	4.905	4.880	4.855	4.830
83.00	4.805	4.779	4.754	4.720	4.703	4.678	4.652	4.627	4.601	4.576
84.00	4.550	4.524	4.499	4.473	4.447	4.421	4.395	4.369	4.344	4.318
85.00	4.292	4.266	4.239	4.213	4.187	4.161	4.135	4.109	4.082	4.066
86.00	4.030	4.003	3.977	3.950	3.924	3.897	3.871	3.844	3.817	3.791
87.00	3.754	3.737	3.710	3.684	3.657	3.630	3.603	3.576	3.549	3.522
83.00	3.493	3.468	3.441	3.433	3.386	3.359	3.332	3.304	3.277	3.250
89.00	3.222	3.195	3.167	3.140	3.112	3.084	3.057	3.029	3.001	2.974
90.00	2.946	2.919	2.890	2.862	2.834	2.807	2.779	2.751	2.722	2.694
91.00	2.666	2.639	2.610	2.582	2.553	2.525	2.497	2.468	2.440	2.412
92.00	2.383	2.355	2.32S	2.298	2.269	2.240	2.212	2.183	2.154	2.126
93.00	2.097	2.068	2.039	2.010	1.981	1.952	1.923	1.894	1.865	1.836
94.00	1.807	1.778	1.749	1.719	1.690	1.661	1.631	1.602	1.573	1.543
95.00	1.514	1.484	1.455	1.425	1.395	1.366	1.338	1.307	1.277	1.247
96.00	1.217	1.198	1.158	1.128	1.098	1.068	1.038	1.008	0.978	0.948
97.00	0.918	0.885	0.858	0.827	0.797	0.767	0.737	0.706	0.676	0.646
98.00	0.615	0.595	0.554	0.524	0.493	0-463	0.432	0.401	0.371	0.340
99.00	0.309	0.278	0.248	0.217	0.186	0.155	0.124	0.093	0.062	0.031

注：质量分数 $f_i=(f_{i1}+f_{i2})/100$。此 U_i 值仅适用于以 ϕ 值表述的分选系数 S_i，范围是 $-10\phi \sim 15\phi$，粒级间隔为 1ϕ，$U_i=-71.5338f_i \lg f_i$；当 $f_i=100.00\%$时，$U_i=0.000$。

用这种以百分数表示的分选系数，可以区分各种成因的沉积物，如冰碛石分选系数的众数值是 30%～35%，河道砂是 50%～60%，浅滩砂和沙丘砂是 70%～75%（图 2-13）。

表 2-6 S_i 计算实例

粒级分组 （ϕ 值）	S_i 最大的情况		S_i 最小的情况		含量集中在 8ϕ 以上的 S_i		S_i 的真实情况	
	质量 分数/%	U_i	质量 分数/%	U_i	质量 分数/%	U_i	质量 分数/%	U_i
$-1\sim0$	0.30	0.541	0.30	0.541	0.30	0.541	0.30	0.541
$0\sim1$	0.90	1.317	0.90	1.317	0.90	1.317	0.90	1.317
$1\sim2$	2.10	2.520	2.10	2.520	2.10	2.520	2.10	2.520
$2\sim3$	74.40	6.835	74.40	6.835	74.40	6.835	74.40	6.835
$3\sim4$	11.30	7.654	11.30	7.654	11.30	7.654	11.30	7.654
$4\sim5$	10.40	7.313	0.945	1.369	2.60	2.948	5.30	4.837
$5\sim6$			0.945	1.369	2.60	2.948	3.80	3.861

粒级分组（ϕ 值）	S_i 最大的情况		S_i 最小的情况		含量集中在 8ϕ 以上的 S_i		S_i 的真实情况	
	质量分数/%	U_i	质量分数/%	U_i	质量分数/%	U_i	质量分数/%	U_i
6~7			0.945	1.369	2.60	2.948	1.20	1.648
7~8			0.945	1.369	2.60	2.948	0.10	0.215
8~9			0.945	1.369				
9~10			0.945	1.369				
10~11			0.945	1.369				
11~12			0.945	1.369				
12~13			0.945	1.369				
13~14			0.945	1.369				
14~15			0.945	1.369				
总量	99.40		99.395		99.40		99.40	
$\sum_{i=1}^{n} U_i$		26.180		33.926		30.659		29.428
$S_i = 100 - \sum_{i=1}^{n} U_i$		73.820		66.074		69.341		70.572

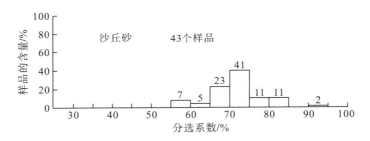

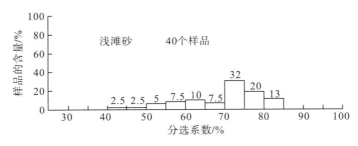

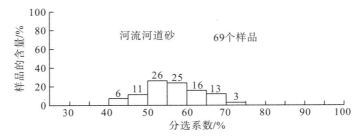

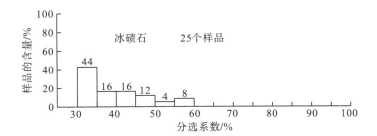

图 2-13　各种成因沉积物的百分数分选系数 S_i

这种分选系数照顾的粒级全面，比较准确，计算相当简便(利用 U_i 值表)，适宜作平面分选系数等值线图以进行地质分析，因此，可在进一步使用中加以检验和推广。

单个纹层的分选系数叫作单元分选系数，它代表最佳分选。平均分选系数或整个样品平均分选系数取决于单个纹层中位数(中位粒径) M_d 的变化。平均分选系数与单元分选系数之比称为相对分选系数，其值为 1 时说明样品是均匀的。但通常样品都是非均匀的，故相对分选系数一般都大于 1。残余沉积物是在正常条件下沉积的沉积物，是细粒部分被簸分出去改造而形成的。它的相对分选系数可小于 1。Seibold (1963) 据此识别出了滨岸砂的残余沉积物(图 2-14)。相对分选系数与粒度无关。

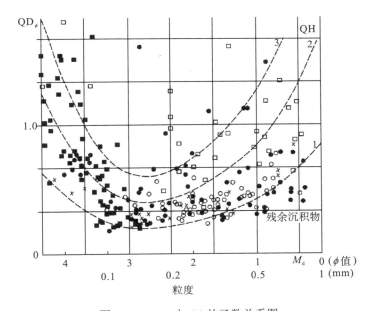

图 2-14　QD_ϕ 与 M_d 的函数关系图

注：样品取自不同沉积环境；×表示各源区单纹层样粒度分析数据，虚线为相对分选系数 QH 等值线，QH<1 的沉积物为残余沉积物

很多人曾注意到分选系数与中位数(中位粒径)的密切关系。Inman (1952) 发现中位粒径 0.1～0.2mm 的区间内分选性最好。单个纹层的粒度分析也显示了这个特点(Walger，1962)。图 2-14 也表示了分选系数和中位粒径的关系。

关于分选性好坏的标准，各家所定界线不尽一致，Füchtbauer 和 Müller（1959）提出了 S_o 的分级（表 2-7）；Folk 和 Ward（1957）及 Friedman（1962）分别提出了对 σ 的分级，前者主要级别间的比差值为 2，分选度较好的等级分级比差值为 $\sqrt{2}$。这基本上是一种几何分级标准。而 Friedman（1962）的标准则是算术分级的，大于 0.80 时的级间差值主要为 0.60（表 2-8）。

分选系数也常被用作环境指标，但是大多数人只给出了相对值。通常，最坏的分选系数是代表冲积扇和冰碛物等粗粒沉积物；海滩卵石较河流卵石分选要好。对当代环境而言，滨岸砂比水下砂、潮坪砂和河流砂分选性更好，风成沙丘砂分选性最好。

表 2-7　S_o 的分级表

$\dfrac{Q_1}{Q_3}$	$\sqrt{\dfrac{Q_1}{Q_3}}$	分选性
1～1.5	1～1.233	很好
>1.5～2	>1.23～1.41	好
>2～3	>1.41～1.74	中
>3～4	>1.74～2.0	差
>4	>2.0	很差

表 2-8　分选性登记表

分选性	σ（ϕ 值）	
	福克和沃德（Folk and Ward，1957）	弗里德曼（Friedman，1962）
极好	<0.35	<0.35
好	0.35～0.50	0.35～0.50
较好	0.50～0.71	0.50～0.80
中等	0.71～1.00	0.80～1.40
较差	1.00～2.00	1.40～2.00
差	2.00～4.00	2.00～2.60
极差	>4.00	>2.60

近年来，很多人使用分选系数或标准差对其他粒度参数（如中位数等）作散点图，发现它们能较好地区分各种沉积环境。例如，图 2-15 是分选系数对粒度中位数的散点图，它能将河流沉积物的决口扇、天然堤及洪水盆地沉积物区分开。

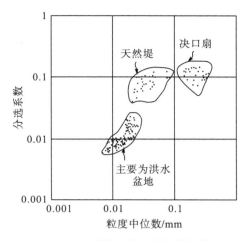

图 2-15　分选系数对粒度中位数的散点图

三、偏度

偏度可判别分布的对称性，并表明平均值与中位数的相对位置。若为正偏，则此沉积物是粗偏，平均值将向中位数的较粗方向移动；负偏则是细偏，平均值向中位数的较细方向移动(图 2-16)。

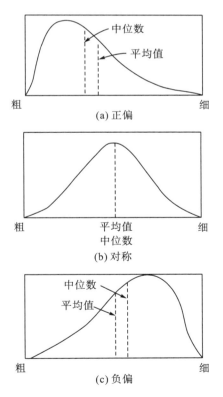

图 2-16　不同偏度的分布情况

Trask(1930)和 Krumbein(1936)提出的两个偏度公式是较早且应用较广的公式。它们是

$$SK = \frac{(M_{m25})(M_{m75})}{(M_{m50})^2} \quad (\text{Trask})$$

$$SK_\phi = \frac{\phi_{25} + \phi_{75} - 2\phi_{50}}{2} \quad (\text{Krumbein})$$

Inman(1952)提出了两个偏度量度，一个是针对分布的中部，另一个是针对尾部。Folk(1966)对其略加修改，得到以下形式：

$$\alpha_\phi = \frac{\phi_{16} + \phi_{84} - 2\phi_{50}}{\phi_{84} - \phi_{16}}, \quad \alpha_{2\phi} = \frac{\phi_5 + \phi_{95} - 2\phi_{50}}{\phi_{84} - \phi_{16}}$$

一般对称曲线的 $\alpha_\phi = 0.00$，正值表明尾部在细端，属正偏；负值表明尾部在粗端，属负偏。数值界限在 $1.00 \sim -1.00$ 之间，实际上，天然沉积物的偏度很少超过 0.80 或-0.80。Folk 和 Ward(1957)进一步研究 Inman(1952)的公式，提出了一个判定偏度更加灵敏的量度，称为概括图解偏度：

$$SK_i = \frac{\phi_{84} + \phi_{16} - 2\phi_{50}}{2(\phi_{84} - \phi_{16})} + \frac{\phi_{95} + \phi_5 - 2\phi_{50}}{2(\phi_{95} - \phi_5)}$$

同时，他们将偏度分为以下等级。

极负偏：$-1.00 \sim -0.30$；

负偏：$-0.30 \sim -0.10$；

近对称：$-0.10 \sim 0.10$；

正偏：$0.10 \sim 0.30$；

极正偏：$0.30 \sim 1.00$。

矩值的偏度公式为 $m_3 / (2\sigma^3)$，也有人用 m_3 / σ^3。当曲线对称时，偏度为零，大于 0 时为正偏，粒度集中在粗端部分；小于 0 时为负偏，粒度集中于细端部分。

研究偏度对于了解沉积物的成因有一定的作用，一般说，海滩砂多为负偏，而沙丘砂及风坪砂则多为正偏。Folk 和 Ward(1957)针对一河流沉积物以平均粒度对分选系数和偏度做三维图解，发现平均粒度与分选系数及偏度都呈正弦曲线关系，而分选系数与偏度则呈圆曲线关系，三者共同构成一螺旋线。经研究，这种独特的趋势是由于样品为两个明显不同总体组分的混合物。这个结论已被其他人的工作所证实。

四、峰度

大多数峰度是度量粒度分布的中部和尾部的展形之比，通俗地说，就是衡量分布曲线的峰凸程度。若矩值的峰度公式为 $\frac{m_4}{\sigma^4} - 3$，则正态曲线的峰度等于零。峰度为正值时，是窄峰度；为负值时，是宽峰度(图 2-17)。

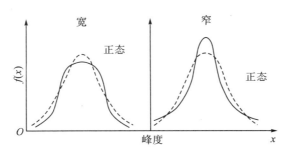

图 2-17 宽、窄峰度与正态曲线形状的比较

关于图解峰度的公式，最早提出的是 Krumbein 和 Pettijohn（1938）：

$$K_{q\sigma} = \frac{\phi_{75} - \phi_{25}}{2(\phi_{90} - \phi_{10})}$$

这个公式在实际工作中很少人用。Inman（1952）提出的公式是

$$\beta_{\phi} = \frac{\phi_{95} - \phi_5 - (\phi_{84} - \phi_{16})}{\phi_{84} - \phi_{16}}$$

其中，正态曲线的 $\beta_{\phi} = 0.65$。Folk 和 Ward（1957）提出了一个图解峰度公式：

$$K_{G} = \frac{\phi_{95} - \phi_5}{2.44(\phi_{75} - \phi_{25})}$$

其中，正态曲线的 $K_G = 1.00$，双峰分布的值可能低至 0.63；而含尾部的尖（窄）峰分布，其 K_G 可能在 $1.5 \sim 3$，或者更大一些。Folk 和 Ward（1957）在作散点图时建议不使用 K_G，而使用标准化了的 K_G，即

$$K_{G}' = \frac{K_{G}}{K_{G} + 1}$$

据对 100 多个样品的分析，他们定出了峰度等级的数值界限。

很宽：$K_G < 0.67$；

宽：$K_G = 0.67 \sim 0.90$；

中等：$K_G = 0.90 \sim 1.11$；

窄：$K_G = 1.11 \sim 1.50$；

很窄：$K_G = 1.50 \sim 3.00$；

非常窄：$K_G > 3.00$。

一般窄峰度的曲线，其中部较尾部选性好。峰度低于 0.50 的峰度很少见。峰度研究是发现双峰曲线的重要线索。如果 K_G 值很低或非常低，则说明该沉积物未经改造就进入新环境，而新环境对它的改造又不明显，因此，它仍然代表由几种物质（或总体）直接混合而成，其分布曲线则可能是宽峰或鞍状分布，或者多峰曲线。

一组样品的偏度-峰度图可以反映粒度分布的正态性，是解释沉积物成因的有效方法。研究证明，样品若为两个正态分布总体以不同比例混合而成，则当细粒总体占优势时为负偏度，粗粒总体占优势时为正偏度，两个总体大致均等混合时可能呈鞍状宽峰，如果一总体占绝对优势则曲线呈尖峰分布。也可以将偏度和峰度作为两个对数正态分布混合度的指标（Spencer，1963）。

Dyer(1970)认为砂质砾石中的砂有的是后来填充在砾石孔隙中的。他发现，若砂、砾为同时期的沉积物，则砂的含量往往大于 25%，若是后来填充的砂，则砂的含量小于 25%。因此建议以 25% 及 75% 代替参数中的 5% 及 95%。另外，这两个百分数还有一个优点，即除非是大样，否则往往最粗的 5% 是由曲线外推估计的，而 25% 则是根据曲线求得的，因此比较准确。他提出的公式如下：

$$\text{分选系数 } \sigma_D = \frac{\phi_{84} - \phi_{16}}{4} + \frac{\phi_{75} - \phi_{25}}{2.67}, \quad \text{偏度 SK}_D = \frac{\phi_{84} + \phi_{16} - 2\phi_{50}}{2(\phi_{84} - \phi_{16})} + \frac{\phi_{75} + \phi_{25} - 2\phi_{50}}{2(\phi_{75} - \phi_{25})},$$

$$\text{峰度 } K_D = \frac{\phi_{84} - \phi_{16}}{1.5(\phi_{75} - \phi_{25})}$$

五、众数态

众数态 m_ϕ 是用来表明粒度分布曲线的双众数或多众数性质的，这是在沉积物中经常存在但往往被忽略的性质。一般 m_ϕ 定义如下：

$$m_\phi = 1 + \frac{\phi_e + \phi_1}{2\sigma_I}$$

式中，ϕ_e 是最后(最细)的众数的 ϕ 值粒级；ϕ_1 是第一个(最粗的)众数的 ϕ 值粒级；σ_I 是概括图解标准差。

双众数或多众数的分布可能是以下原因造成的：沉积介质的速度变化很厉害；源区物质缺乏固定的粒级区间；细粒物质透入砾石的孔隙中；不同沉积方式的结合；成岩作用和风化作用等。有时双众数的出现是由抽样不当造成的，因此，不是所有的双众数和多众数都有成因解释。

六、各种环境沉积物的粒度参数特征

近年来粒度参数的研究进入了一个新阶段，即对沉积物的成因作出解释和区分沉积环境的研究阶段。已累积的部分资料，有人把它们综合成一个表(Füchtbauer and Müller，1970)，现稍加补充供参考(表 2-9)。

表 2-9　各种环境沉积物的粒度参数

沉积物环境		沉积物的粒度参数
冲积环境	河床和点沙坝	分选性好，S_o 大部分大于 1.2；不稳定的河流 S_o 大部分大于 1.3；偏度（SK）小于 1，故属正偏，少数大于 1[*]；通常为双众数，具典型的向上变细层序。沉积物是砂及砾石级，黏土含量低
	泛滥平原	分选性中等，S_o 大部分大于 2；偏度总是小于 1，在粒度分布中含细粒尾；越岸沉积物是细砂至粉砂级，其中洪水盆地沉积物是粉砂至黏土级，且黏土含量大
风成环境	沙丘	分选性好(S_o=1.25，σ_ϕ 为 0.21～0.26)；偏度大部分小于 1(α_ϕ 为 0.13～0.30)；通常缺粗尾；垂直层序只有小的变化；中位数大部分在 0.15～0.35mm。通常为单众数的粒度分布，但有时也成双众数，含两个分选好的总体，二者相差 2ϕ～3ϕ
	黄土	分选性差；偏度大部分小于 1，含细粒组分多；中位数通常小于 0.1mm

沉积物环境		沉积物的粒度参数
海成环境	海滩	分选性好，S_0 大多数为 1.1~1.23；偏度大部分大于 1，故属负偏，在对数概率图纸上累计曲线有时呈两个跳跃总体
	浅海 （潮坪和陆棚）	分选性差，偏度小于 1，在海外陆棚部分常缺砂级组分
	深海（大陆斜坡和大洋盆地）	在大陆斜坡为黏土质粉砂，大洋盆地是粉砂质黏土，穿插有浊流的粗粒沉积物
冰川环境	冰川	分选性极差，S_0 可达 5.48，粒度从几微米变化到几米，各种粒度的相对含量变化很大，中位数变化很大；偏度在零上下，从稍正偏至稍负偏
	冰水	经过水的改造，主要表现在移走一些粉砂和黏土，使较粗物质相对富集，其他和冰川沉积物相似

*此为特拉斯克偏度计算值，SK<1 细偏。表后面泛谈的偏度，均指 SK_ϕ。

第三章　粒度分析在区分沉积环境中的应用

　　沉积岩的粒度主要受搬运介质、搬运方式、沉积环境等因素的控制。因此，通过对沉积物粒度分布的研究可了解其所处的沉积环境。其研究是基于这样的假设：相同粒径的沉积物分布指示的沉积环境是相对等的(肖晨曦和李志忠，2005)。沉积岩工作者很早之前就开始用粒度资料确定沉积环境，取得了一定的进展，其中大部分工作是根据当代已知环境的样品进行粒度分析来进行反证，而后开始有人对固结岩石建立环境模式(Glaister and Nelson，1974)。近年来，沉积物的粒度数据已被广泛用于判断沉积物的沉积环境。我们引用不同学者在全国各地应用粒度分析判别沉积环境的实例，总结出了不同沉积环境所表现出来的不同的沉积物粒度特征。用来描述粒度特征的方法很多，测量和分析所得的数据可用图解法、矩算法和图算法等进行处理，求出粒度参数，编制概率累计曲线、频率曲线、*C-M* 图和粒度参数离散图等，分析沉积岩(物)形成的水动力条件和搬运方式，恢复沉积物形成时的古地理环境，进行地层对比和沉积相划分(林春明等，2021)。下面简要地介绍一下近年来常用的一些方法。

第一节　根据概率累计图区分沉积环境

　　在详细地研究了沉积物的搬运方式，并对 1500 多个样品进行粒度分析和在正态概率纸上作图后，Visher(1965，1969)得出了沉积物搬运方式与粒度分布之间的关系，以及一些环境的概率图模式。

　　沉积物的搬运也称为负载，共有三种方式：悬移(或悬浮)负载；跃移(或跳跃)负载；推移(或牵引)负载。

　　悬移质的颗粒一般很细，粒径在 0.1mm 左右。颗粒粗细的变化取决于介质的扰动强度。悬移质与底负载(包括跃移和推移)之间总有一定数量的交替，所以悬移质呈两种状态存在：①均匀悬浮；②递变悬浮。均匀悬浮的悬移质在垂直方向上粒度是均匀一致的，不存在粒度分异的情况，在粒度概率图上位于右上方。递变悬浮是悬移质和底负载之间的过渡情况，这部分的颗粒粒级垂直地向下方逐渐变粗，接近河床时与底负载成交叉存在。它们间变化点的粒度变化很大，这种变化反映沉积时的物理状况。

　　跃移质是指靠近河床的底部层沉积物。根据现有资料初步认为，其粒度在 0.15～1mm 或更细些，主要受水流速、水深及底层性质等因素影响，是在底上数十厘米内移动。有些纹层沉积物与跃移质的粒度分布情况相类似。一般情况下，跳跃总体在粒度概率图上表现为一条直线段并位于图中央，但有些跃移质本身不只是一个粒度总体(如海滩砂)，而是由两部分组成，在图上表现为两条相交线段，二者在中值和分选上存在一些差别。

底部推移质是与前两种物质不同的粗粒组分。颗粒由于较粗而贴在底面上滑动或滚动。在粒度概率图上，位于左下方。

由于沉积物搬运方式不同，故在正态概率图纸上作图时，得出的就不只是一条直线，而是几条相交线段。一条理想的粒度概率累计曲线是由悬浮总体、跳跃总体及推移总体几部分组成的（图 3-1）。这意味着沉积物的粒度分布并不是由一个简单的对数正态总体所组成。

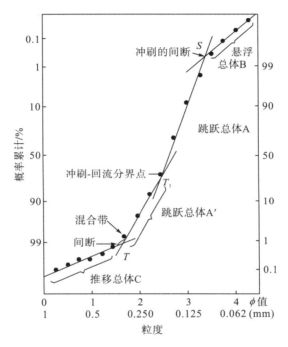

图 3-1　搬运方式与粒度分布总体和截点位置的关系

注：C 与 A′ 之间有一混合带；S、T_1、T 为截点

从图 3-1 还可看出用正态概率图纸作图的优越性。这种图纸的横坐标是以 1ϕ、$\frac{1}{2}\phi$ 或 $\frac{1}{4}\phi$ 为间隔；纵坐标为概率累计值。沉积岩的粒度分布曲线几乎都是由几个直线段所组成，在这种图上容易看出代表分选性的斜率、各线段间的截点、混合度等，而且频率曲线的尾部在这种图上也成直线，便于比较和测定。在分析这种图时，最重要的是认识各线段，每条线段在构成时，至少应有四个粒级点控制（指粒级间隔 $\frac{1}{4}\phi$ 者）。另外，各条线段的粒度分布特点，如总体的存在、粒度区间、含量、分选度等在图上都能很清楚地看出来。

根据 Visher（1969）研究的 1500 个已知环境的样品，对典型沉积环境的特点进行了分析，总结了海滩和浅海、三角洲和河口、河流、湖泊和浊流等沉积环境的一般粒度特征，以上各类环境的模式均是根据当代沉积物得到的。此外，近些年来对于现代沙漠、黄土以及冰碛物的研究也日趋增多，并积累了大量的数据资料。利用当代沉积物的粒度分布特征曲线为判别古代沉积环境提供参考依据。根据前人及我们的工作，均证明这些模式对鉴定古沉积环境是有参考价值的。

Visher(1969)认为古代和当代的粒度分布特点，特别是和固结岩石是有区别的。主要是古代样品中总是含有粒径小于44μm的部分，这可能是从孔隙中下沉的细粒部分，也可能是成岩后生过程中细粒化的结果。总之，成岩后生变化强烈的岩石，在人工松解后，其粒度情况失真是不能不考虑的。做薄片粒度分析时，由于是在显微镜下直接观察，可以不测量石英的次生加大边。对易碎的颗粒，如长石，只要轮廓清楚，也可取得视直径值，细粒物质可用较大的放大倍数尽可能详细地观察，这些都是其比筛析准确的原因。

另外，古代岩石粒度分析可以根据粒度情况来研究历史上环境的变迁。而当代样品属"短暂瞬时"的沉积产物，无法根据它们研究历史上的环境变迁。为达到此目的，可在剖面的垂直方向上按一定间距取样，同时记下其他成因特征及流向，以便参考。还可在相邻地区的剖面上平行取样，以作对比。分析并作图后，可以综合地研究剖面上各曲线的平均值、方差等参数以及曲线的斜率、截点位置、混合度等的系统演变情况，从而了解随着地壳构造运动加强或减弱，沉积环境的变化情况。

基于古代岩石作出的粒度分布曲线中，也有一些是当代没有或根据当代的模式不好解释的。造成这种情况的原因很多，主要有以下一些：①当代采样的环境还不够全面，对如湖泊、沼泽、山麓等大陆环境没有很好地建立模式；②当代的样品只代表短暂的地质时间，而古代的样品包含了全部历史演变的情况，比当代样品要复杂得多；③成岩后生作用的影响有时严重地影响了曲线的形状；④古代岩石也可能属于再旋回沉积物，是受过改造的产物，因此环境特征不明显；⑤分析方法不同，当代沉积物一般用筛析法，古代固结岩石则常用薄片粒算法分析，遇到这种情况时，只能结合其他成因标志综合研究，并尽可能地解释。今后对当代环境应更广泛地建立模式。对古代岩石，特别是薄片粒算法的资料，也应建立更多的模式，古代岩石粒度分布曲线在解释环境上比较成功的是在河流、浅海及浊流几个方面。

一、冲积扇环境

冲积扇是一种自山口顺坡呈放射状的河流形成的巨大的扇形堆积物，以含大量砾石为特征。沉积物粒度粗、成熟度低、磨圆度不好、分选性差是冲积扇沉积的重要特征。然而不同沉积类型，其分选亦有较大差别。在垂向上和平面上，粒度变化较快。从扇根至扇缘粒度逐渐变细，分选、磨圆度逐渐变好。但有时因河床切割-充填沉积的影响，粗粒沉积物也会位于扇体的中部或下部。冲积扇砂质沉积物的粒度概率累计曲线一般为三段：滚动组分含量为5%～3%，跳跃组分含量为50%～60%，悬浮组分含量为10%～30%。从扇根向扇缘方向，滚动组分和跳跃组分含量降低，悬浮组分含量增高。

二、河流环境

当代河流沉积的粒度分布曲线大致有以下特点：①具有发育好的、含量可达0～30%

的悬移总体；②悬移和跃移总体之间的截点在2.75ϕ~3.5ϕ区间内；③跃移总体的分布范围是1.75ϕ~2.5ϕ；④跃移总体的曲线斜率介于波浪的60°、回流带的70°和悬移总体的50°之间，多在60°~65°的范围内；⑤普遍缺乏推移总体，如果有，也比1.0ϕ粗，这个总体主要受源区的控制，并且常在河道的最深处发育(图3-2)。

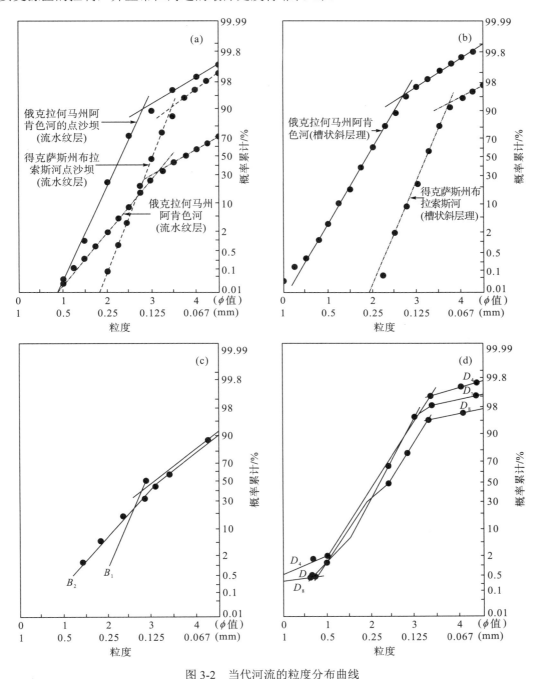

图 3-2　当代河流的粒度分布曲线

(a)流水纹层；(b)槽状斜层理；(c)沱江洪家坝；(d)沱江董家坝

　　古河流沉积的粒度分布曲线的形状和当代河流的极为类似(图 3-3)，通常缺乏推移总体，呈现明显的两段，截点在 $2.75\phi \sim 3.5\phi$，悬移总体含量为 2%～30%，这是 Visher(1969)根据 300 个古代河流样品得出的结论。与当代沉积物比较，也有一些不同，如跃移和悬移总体的截点以及跃移总体的斜率等，这可能与样品所处河道的位置不同有关。

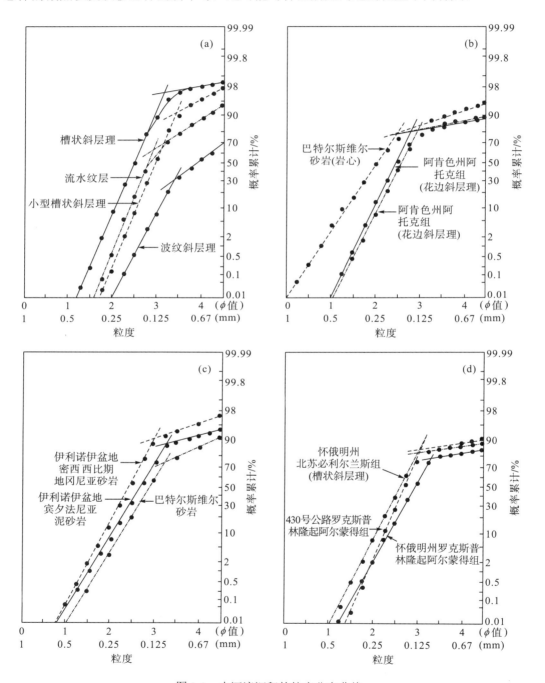

图 3-3　古河流沉积的粒度分布曲线

三、三角洲和河口环境

　　现代三角洲和河口沉积物粒度分布特征以密西西比河三角洲及奥尔塔马霍河河口为例，得出的粒度分布变化大。首先，当所处三角洲或河口的具体位置不同时，得到的曲线形状不同；其次，入海河流的性质对曲线形状也有影响，如密西西比河三角洲含大量粉砂和黏土，因此悬移总体发育；最后，水流的强度也影响曲线的形状。在奥尔塔马霍河河口所设 12h 采样站，每隔 2h 取一次样，取满 12h，样品是取自底上几厘米深处的沉积物，以便能代表采样前短时间内的物理状况。结果发现，在最大流速时只存在一个粒度分布总体，而低流速时有三个粒度分布总体。

　　密西西比河三角洲上各种环境表现出的粒度分布特点如下。

　　(1)滨线[图 3-4(a)]。滨线包括滨线上的天然堤或支流河口沙洲样品。具有海滩前滨的双跃移总体的特点，并且含较多的粉砂和黏土沉积物，这可能与密西西比河本身悬移质含量高有关，也可能是三角洲滨线上波浪能较小之故。

　　(2)分支河口沙坝[图 3-4(b)]。其与以前描述的浅海波浪带砂的粒度分布类似，有时含大量的悬移质，悬移质含量高的原因同上。

　　(3)天然堤[图 3-4(c)]。其特点是由单一的悬移总体组成，粒度普遍较细。天然堤沉积是由悬浮物质沿支流两侧，因流速突然降低而急速沉积形成的。在海湾的急速沉降区也发现过这种单一总体。

　　(4)分支河道[图 3-4(d)]。其主要由两个总体组成：悬移、跃移。跃移总体一般为 2ϕ；跃移与悬移总体的截点在 $3.0\phi \sim 3.75\phi$；悬移质的含量在 20%以内。

　　奥尔塔马霍河河口各种环境的粒度分布曲线形状如下。

　　(1)潮控三角洲[图 3-5(a)]。样品采自潮控三角洲区内深 $10 \sim 40 \text{ft}$[①]的滨外海砂。其曲线形状与浅海的曲线形状类似。图内三个样品是取自潮控三角洲上的不同深度和不同位置，共同表现出以下特点：①跃移总体的粒度区间窄，分选性很好；②跃移和悬移总体的截点较细，通常近于 3.5ϕ；③推移和跃移总体之间的截点也很细，通常近于 2.5ϕ。一般认为以上特点是对称波纹沉积物的典型特征。曲线形状的变化与所处三角洲上的位置及接近砾屑来源的情况有关，靠近河道时，推移总体含量更大而悬移总体含量较小，这与水流及波浪活动较强有关。

　　(2)潮控三角洲外的沙洲砂[图 3-5(b)]。其环境特点与海滩水下没入带[图 3-5(d)]相似，可看出拍岸浪的活动。特点是：①含一个发育很好的跃移总体；②含量大的推移总体与跃移总体在 $2.0\phi \sim 2.25\phi$ 之间相接，与海滩没入带的推移总体含量相近或更高。以上特点说明其与邻近的海滩没入带的特点类似。

　　(3)波浪与潮流相互作用带[图 3-5(c)]。每条曲线都含三个总体，其特点如下：①悬移总体在细端上被截断，其粗端在 $2.5\phi \sim 3.5\phi$ 被截断，粒度区间较窄，比起其他成因的分布，粒度显然粗些；②跃移总体分选差且粒度区间宽，其粗截点在 $1.0\phi \sim 2.0\phi$，说明是属扰动强的递变悬浮沉积物；③推移总体粒度区间宽且分选性较好，说明水流较强。

---

① 1ft=0.3048m。

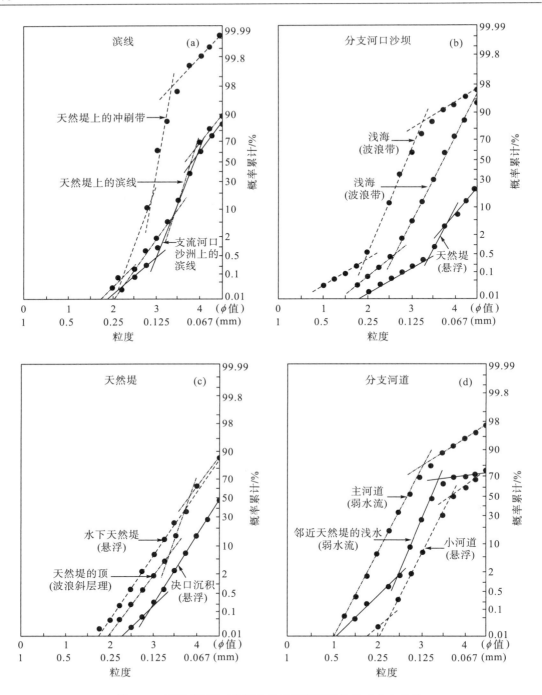

图 3-4 密西西比河三角洲上各种沉积环境的粒度分布曲线

(4) 入潮口 [图 3-5 (d)]。基本上形成三个分选中等的总体，特点如下：①悬移总体含量为 2%~5%，粒度区间分布在 2.0φ~4.0φ；②跃移总体分选性好，存在于一个很窄的区间内（1.5φ~2.5φ）；③推移总体分选性也好，含量为 20%~70%，与跃移总体在 1.5φ 处接合，并且在近 −1.0φ 处截断。从图 3-5 (d) 上可看出推移总体的分选性与所处入潮河道内的位置及底流的速度有关。当流速进一步增大时，推移总体全部变成跃移总体。12h 潮站样品上也见到同样的情况[图 3-5(e)]。

(5)流速较低的奥尔塔马霍河[图 3-5(f)]。含两种曲线形状：①河道曲线形状类似，如图 3-5(f)右方的两条曲线；②与图 3-5(e)描述的曲线形状类似。前者存在于低流速的浅水中，后者主要受水流及潮水活动的作用。这两类曲线的区别与所处的河道位置有关。悬移总体的中断位置及跃移总体的斜率均受流速的控制。推移总体的发育(大量出现)与潮水活动的关系，比其与水流状况的关系更密切，它是当潮水活动时底流方向改变而集中于河口的，因此这个总体可代表潮水的活动。

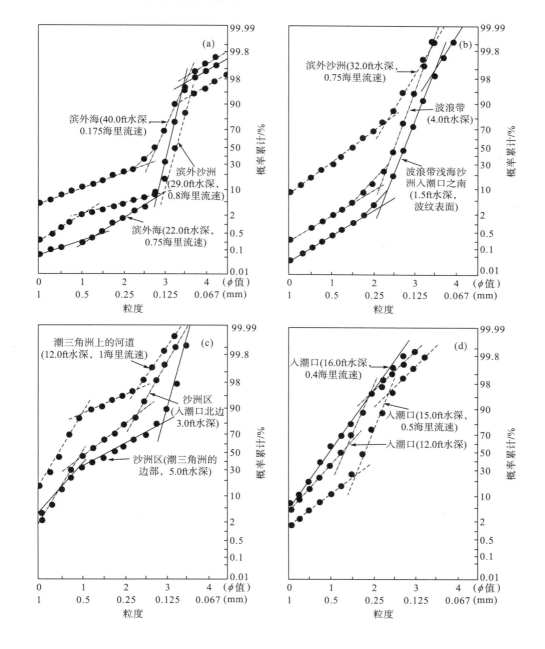

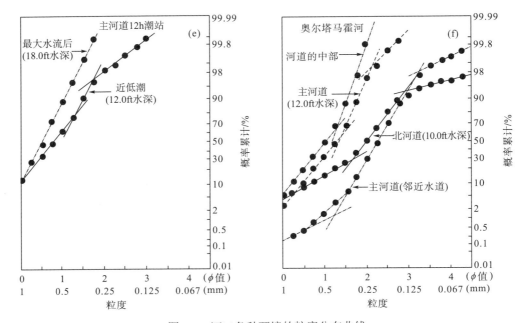

图 3-5   河口各种环境的粒度分布曲线

(a)潮控三角洲；(b)潮控三角洲外的沙洲砂；(c)波浪与潮流相互作用带；(d)入潮口；

(e)主河道 12h 潮站；(f)流速较低的奥尔塔马霍河

四、滨海和浅海环境

根据滨海和浅海沉积环境的现代沉积物特征，可以进一步将其分为四个亚类：海滩、沙丘、波浪带及碎浪带。

(1)海滩砂。其由三个或四个总体组成，具有共同的特点，即在跃移总体中间有一个截断，两段斜率有差别但均较陡，这可能与波浪的冲刷和回流两种作用有关，但也可能是因为来源不同或为不同的粒度分布混合的结果。看起来前者的可能性更大，因为所有的样品都是采自海滩的前滨带。悬移组分和滚动组分都很少，有些甚至缺失悬移组分。然而，各样品之间还是有变化的。例如，概率累计曲线截点位置不一定都稳定在 2.0ϕ 位置上，有些在 1.0ϕ 处发生，有些则不存在此截点。另外，跃移总体内的中断部位也是变化的，从 15%～80%不等。最后，各线段的斜率或分选性的变化也很大[图 3-6(a)]。

(2)沙丘砂。样品取自海滩附近的沙丘背上。这些砂的特点是跃移区间的两个总体已合并成一个总体，而且这个总体的分布无例外地占 98%，从斜率可看出这个总体的分选是很好的，通常比海滩砂更好些。所有的推移总体与跃移总体的截点都在 1.0ϕ ～ 2.0ϕ 之间，推移总体大部分在 0.0ϕ ～ 2.0ϕ 间截断，悬移质和推移质的数量很小，一般不大于 2%。悬移质的存在和推移总体的截断都说明沙丘沉积属正偏的偏度[图 3-6(b)]。

(3)波浪带海砂。样品采自低潮坪至水深约 5.2m 处，全部采样地区的沉积物表面都具有波痕。所采之样与深度无关，都发育三个总体，都含不等量的粉砂和泥质。跃移总体一般分选性很好，粒度区间为 2.0ϕ ～ 3.5ϕ，推移总体分选性很差，悬移组分含量少。这种图形表明的沉积环境特点是有强烈的波浪簸分作用，因此跃移总体的分选性好，粒度区间窄；因为缺乏强流水，故保留了粗粒的推移总体且分选性差，悬浮总体的粉砂和泥质含量不等的原因可能与物源有关，在入河口或沿岸含泥、粉砂很多时，这个总体的含量高，若来源于碎屑岩地区时，这个总体的含量就低[图 3-6(c)]。

(4)碎浪带海砂。这种砂的特点是与强烈的水流和波浪作用有关，波浪使沉积界面保持扰动，以致将悬移质筛分出去，因此这个总体的含量较少。跃移质是一种间歇性的，取决于波浪的位置及水流的方向和大小，使得跃移和推移总体之间存在混合。另外，这种海砂的特点是含较多的推移总体，其含量取决于源区和波浪的状况，最高可达 80%[图 3-6(d)]。

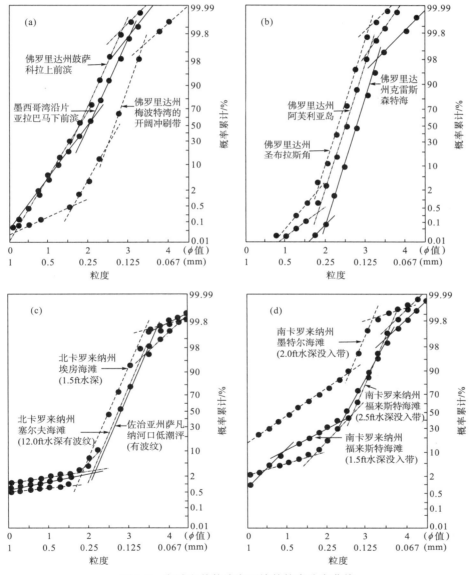

图 3-6 海滩和其他浅海环境的粒度分布曲线

(a)海滩的前滨及冲刷带；(b)海滩邻近地区的风成沙丘背；(c)波浪带浅海砂；(d)碎浪带浅海砂

对于古海滩沉积物，该沉积环境类型曲线不如河流类型多，可能是因为没有保存下来或在成岩后生作用中改变了分布的特点。Visher(1969)所发现的一些海滩砂岩(图 3-7)均具有两个跃移总体的特点，但有些样品含较多(达±10%)的悬移质，这可能是成岩后生作用过程中细粒化造成的。

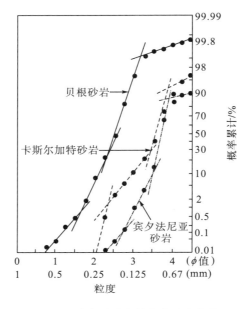

图 3-7　古海滩砂岩的粒度分布曲线

五、湖泊和深海环境

在湖泊环境中，由湖岸向湖泊中心沉积粒度逐渐变细，从砂岩逐渐向粉砂岩和泥岩过渡。由于河流的注入，携带的泥沙等沉积物一般会在河流入湖口发育湖泊三角洲沉积，这一类沉积物代表了湖泊环境中较粗的沉积组分；在湖泊中心，由于搬运能力大大减弱，沉积物粒度往往偏细，以悬浮搬运的粉砂和泥质沉积为主，发育明显的水平纹层。当代湖泊的粒度分布资料虽然不少，但缺乏系统的归纳。中国科学院兰州分院曾对青海湖做过研究，入湖河口的粒度分布与河流型的相同。而浅湖、滨湖的砂、粉砂粒度分布曲线形状则完全不同。总之，湖相砂的分布特点还不是很清楚。

在湖底或深海环境坡度较陡的位置，由于沉积环境的不稳定性，在波浪作用或构造活动下往往会形成流体密度较大的重力流，形成独特的重力流沉积。浊流沉积是一种密度流沉积，为密度较大的混浊流体迅速向大陆斜坡移动沉积而成。重力流或浊流沉积代表了典型的深水环境下的产物，陆源碎屑进入水体后在浅水区形成三角洲沉积，三角洲前缘由于砂体快速堆积以及基底坡度变大，沉积物常常不稳定，在外界触发机制下，发生滑动形成重力流沉积。浊积岩段常发育典型的鲍马层序，其沉积物表现为以沉积颗粒的顺序排列，即粒序层理，鲍马序列 A 段的下部，尤其是层序底部的粒序层理更是鉴定浊流沉积的最为典型的标志。鲍马序列 A 段的上部块状层理被解释为砂质碎屑流沉积，而鲍马序列 B、

C、D 段则被解释为深水底流沉积或者牵引流的产物。当代浊流沉积由于各种限制，其粒度分析工作成果发表相对较少。然而，有关古浊流沉积的研究则很多。它的粒度分布特征不仅易于辨认，而且能清楚地反映沉积环境。其粒度分布曲线特点如下。

(1) 粒度区间宽。这是水流的密度、速度及搬动物质的粒度变化大的原因。

(2) 悬移总体大且分选性差，同时包括黏土、粉砂至 1mm 的粒度，截点可达 $1.5\phi \sim 0.01\phi$。

(3) 跃移总体分选性稍好，与悬浮总体的交截点可在 1ϕ 以下。

关于它的搬运物理性质还不清楚，是否有跃移或推移搬运方式尚不清楚。例如，文图拉盆地的递变浊积层，粒度向上变细[图 3-8(a)]。海下扇砂的分布曲线不同于浊流沉积，其特点是具有分选性好的跃移总体，同时与悬移总体之间有混合作用[图 3-8(b)]。

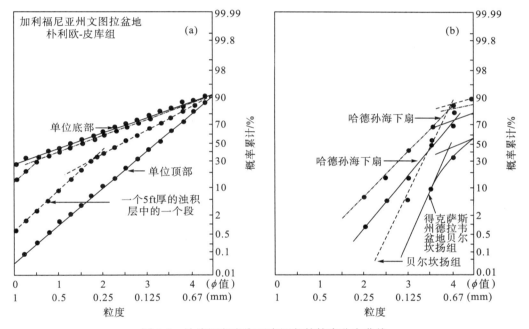

图 3-8　浊流沉积和海下扇沉积的粒度分布曲线

(a) 美国加利福尼亚州文图拉盆地朴利欧-皮库组递变浊积岩；(b) 哈德孙海下扇 (当代) 与德拉韦盆地贝尔坎扬组 (古代) 海下扇

六、沙漠和黄土环境

干旱气候条件下的沙漠环境普遍发育风成沉积物，戈壁石漠、沙漠沙丘、第四纪黄土都是典型的风成沉积物。此外，在海岸地带，由于沿岸风的盛行，也会形成风成沙丘。我国北方现今广泛分布着戈壁、沙漠和黄土高原等沉积环境，且地质历史时期形成的沉积记录保存丰富。风成沉积物的粒度分析是一种研究气候变化的重要手段。

巴丹吉林沙漠是我国第二大流动性沙漠，该沙漠约 80% 的面积为流动沙丘所覆盖。对巴丹吉林沙漠不同区域、不同类型沙丘、不同地貌部位的 223 个地表沉积物样品进行粒度分析，发现该沙漠的流动沙丘主要由细砂组成，其含量可达 49.5%~66.1%；沙丘砂的平均粒径介于 $2.1\phi \sim 2.7\phi$，分选性为好至极好，均为正偏中等峰度 (钱广强等，2011)。从频率曲线来看，沙丘砂为单峰，丘间地多为双峰或三峰(图 3-9)。在典型横向沙丘剖面上，自迎风坡坡脚至沙丘顶部平均粒径变细而分选性变好，最粗的砂粒出现在靠近迎风坡坡脚的丘间地，而最细和分选性最好的砂粒出现在紧邻沙丘顶部的背风坡。除物源和主导风向等宏观因素外，引起局地气流改变进而影响砂粒跃移过程的地形起伏、植被覆盖等微观因素也对砂粒分选过程起着重要的控制作用。

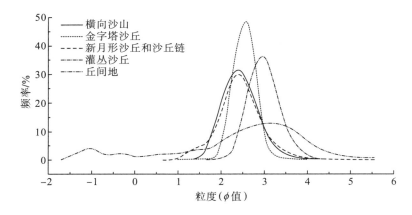

图 3-9　典型沙丘形态的粒度频率曲线特征(钱广强等，2011)

对于黄土沉积，典型黄土样品具有独特的粒度频率曲线和累计曲线。在频率曲线上，风成黄土的粒度分布范围一般为 0~150μm，粒度总体呈现负偏度非对称分布，众数粒径一般在 32~16μm，并以这个众数为中心向粗粒及细粒减小，但一个明显的变化特征是自众数径向细粒端减小的速率比粗粒端大得多。向粗粒端的减小是一个相对平滑的过程，而在变细的一端这种变化并不是一个平滑的过程。一般在 2~4μm 处存在一个明显的平台，即出现第二个众数。由图 3-10 清楚地看到，黄土粒度累计曲线的主体由两条线段组成，它们分别对应于频率曲线上的两个组分，每条线段的长度与组分的粒度范围有关，它的斜率则取决于组分的峰度，即分选程度。

七、冰川环境

冰川沉积物(冰碛物)是在冰川活动过程中造成周围基岩发生剥蚀、搬运和沉积而形成的特殊岩石组合，广泛发育在冰盛期的中、高纬度地区或者高海拔寒冷地区。冰川系水的固态流体，属于一种特殊的搬运介质。冰川的搬运和沉积作用，完全受机械沉积作用规律的控制。冰川的性质，决定了冰川在搬运碎屑物质的过程中，冰川冰与碎屑颗粒之间，碎屑颗粒与碎屑颗粒之间相互摩擦、碰撞的概率极小。同时，碎屑物质的搬运与沉积作用既不受介质流速的影响，又与碎屑大小、密度和形状无关。因此，冰碛物粒度成分的分异微弱，分选极差，从而形成了与海、湖、河成碎屑沉积物截然不同的结构特征。

现代冰碛物的粒度频率曲线呈多峰度，累计曲线平缓，粒度分布范围较大，滚动和跳跃总体的曲线基本为渐变过渡形态，没有发生明显的沉积分异，悬浮总体的百分含量基本可以忽略不计(图 3-11、图 3-12)。以上特征均表明，冰碛物在搬运沉积过程中粒度成分的分选作用很差。

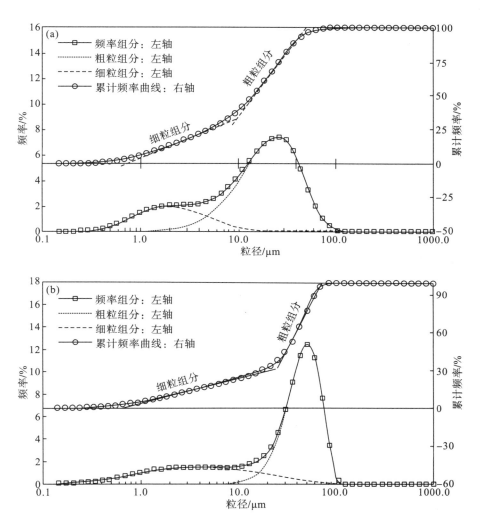

图 3-10　典型黄土粒度频率曲线和累计频率曲线(据孙东怀等，2000 修改)

(a)西安马兰黄土；(b)榆林马兰黄土

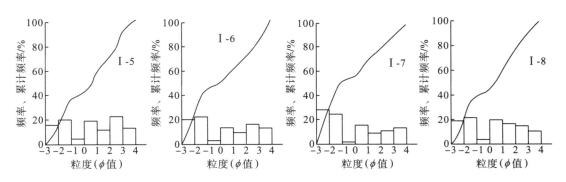

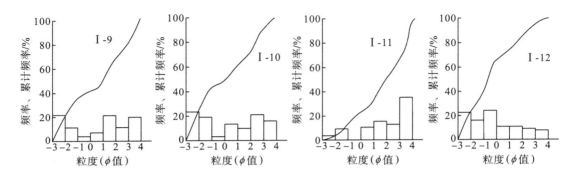

图 3-11　祁连山区羊龙河冰碛物粒度频率直方图及累计频率曲线(据武安斌,1983 修改)

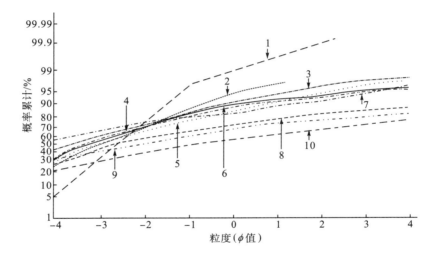

图 3-12　天山博格达峰地区冰碛物粒度概率累计图(张振拴,1983)

1. 冰水扇;2. 冰面岩屑;3. 雪崩锥;4. 冰内岩屑;5. 人工破碎煤屑;6. 冰川泥石流;7. 侧碛;8. 终碛;9. 底碛;10. 槽碛

　　西藏南迦巴瓦峰地区现代冰碛物的概率累计曲线为较平缓的多段型曲线,各线段斜率偏低,说明冰碛物大小混杂,分选性差(陈亚宁等,1986)。曲线的第一截点均在 $-2\phi \sim -1\phi$ 之间,即粗粒(粒径大于 -1ϕ)的物质分选性较好。各冰碛物正态概率累计曲线在 9ϕ 位置上斜率普遍增大,这种现象为冰川固有的磨蚀作用所致。线段间的交角小,说明该地区冰碛物是在搬运动力变化不大的情况下形成的。此外,在正态概率累计曲线图中,某些冰碛物粒度各点基本可以吻合为一直线,符合正态概率分布,这表示冰碛物在形成后,受过一定冰水的参与改造作用,这符合海洋型冰川区冰碛物形成的规律(图 3-13)。

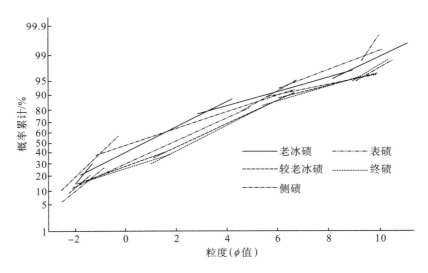

图 3-13　西藏南迦巴瓦峰地区冰碛物的正态概率累计曲线(陈亚宁等，1986)

第二节　粒度象的研究

Passega(1957，1964)选择了一些与沉积搬运有密切关系的粒度参数，如下。

C：1%质量分数的粒度；

F：小于 125μm 组分的质量分数；

L：小于 31μm 组分的质量分数；

A：小于 4μm 组分的质量分数；

M：中位数，即 50%质量分数的粒度。

以 C 对 M、F 对 M、L 对 M 和 A 对 M 分别作 C-M 图，F-M 图、L-M 图以及 A-M 图。这些图均以 M 值为横坐标，单位为 μm；C、F、L 及 A 分别为各图的纵坐标，其中 C 的单位为 μm，而 F、L 及 A 均为质量分数。C-M 图是在双对数纸上作的图，其他图一般都是在单对数图纸上成图(图 3-14)。前者表征样品的粗粒级组分，后者表征样品不同的细粒组分。这些图的特点结合起来共同反映了整个沉积物全部样品的总面貌，这个由所有样品的粒度参数所构成的图像，Passega(1957)称之为沉积物的粒度象，并认为它可以说明沉积物的搬运介质状况、反映沉积环境以及沉积盆地的活动性等。

一、C-M 图

Passega(1957)讨论了 C-M 图之后，于 1964 年又分析了代表很多地区、各地质时代的上万个样品，发现 C-M 图与沉积搬运作用密切相关，可以提供关于沉积物的水动力状况资料。

一般搬运沉积物的水流有两种：牵引流和浊流。河流、海流及触底的波浪属牵引流，存在于海底大陆斜坡或海下扇的混浊密流属浊流。

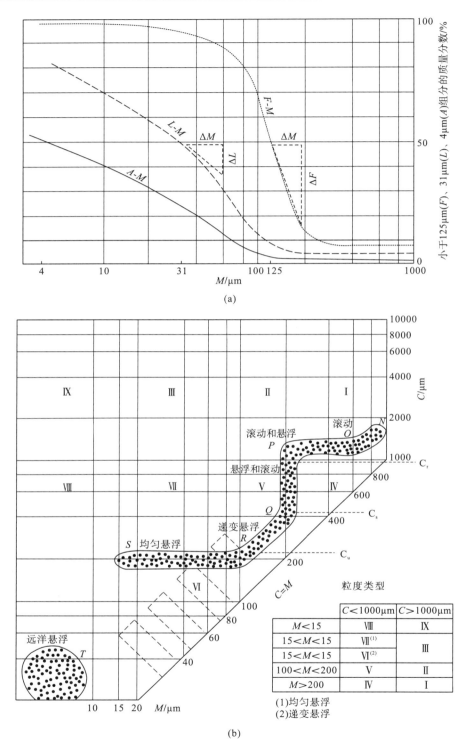

图 3-14　粒度象和粒度类型

(a) F-M、L-M 及 A-M 示意图；(b) 牵引流的 C-M 图及粒度类型；C_r 为最易滚动颗粒的粒度；C_s 为递变悬浮颗粒的最大粒度；

C_u 为递变悬浮颗粒的最小粒度

牵引流和浊流所作的 C-M 图的形状不同[图 3-14(b)及图 3-15]，牵引流的综合 C-M 图是根据密西西比河按深度间距取样并结合其他地区的 C-M 图作出的。此 C-M 图被 N、O、P、Q、R 及 S 各点截成多个区段[图 3-14(b)]。

(1)NO 段：代表分选性好的粗粒滚动沉积物，C 值一般大于 1mm，构成河流的沙坝。

(2)OP 段：代表滚动物质增加情况下，滚动和悬浮物质的混合，C 值改变将严重影响 M 值的变化。

(3)PQ 段：代表悬浮沉积和小比例不影响中位数的滚动颗粒，这段中常缺乏 500～1000μm 的粒级。这一粒级范围代表那些超越递变悬浮而不足以呈现滚动态的粒级，表明由紊流转变成推移搬运的转折点情况。同时，当紊流减弱时，这个间隙增大。

以上 OP 段、PQ 段所代表的悬浮沉积物和各种比例的滚动物质混合的沉积物在自然界中是常见的。一般滚动颗粒是与递变悬浮物(QR 段)一起搬运，但也可和均匀悬浮物(RS 段)一起搬运。滚动颗粒比水流的速度低，悬浮物则绕之而过。当悬浮沉积作用弱时，滚动颗粒即可无阻地长距离搬运，如有些砾石沉积物距源区远达数千米。然而在悬浮沉积作用强烈的地区，滚动颗粒即被埋在悬浮沉积物的下面保护起来，因此，这些滚动颗粒出现在大量沉积物堆积体的边缘，即与最粗的悬浮物共同存在。

粒度大于 1mm 的颗粒在沉积物中的存在是有成因意义的，因为它们只能在扰动最强烈的情况下才形成悬浮搬运，故可以设想它们从源区至最后的沉积环境都是成滚动搬运的，而且沿途的悬浮沉积作用不大。对粒度大于 1mm 颗粒的分布界限作图，可以帮助了解古盆地的沉积环境，在分布界限的上游区，悬浮沉积作用不大，不能填埋持续滚动的颗粒。

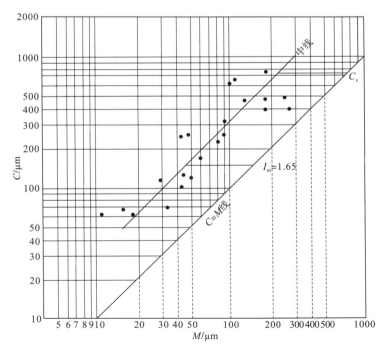

图 3-15　浊流的 C-M 图

(4) *QR* 段：为递变悬浮区。在河底的上面，沉积物一般呈悬浮状，特点是粒度和浓度向上方规则地下降。根据密西西比河某地的资料，此段一般厚 2m，浓度为 1~8.5g/L，大致相当于前文介绍的跃移质。Passega（1957，1964）认为用递变悬浮沉积物比常用的跃移质来描述更好，因为颗粒在底面以上 2m 高度的水中能跳跃分选是难以理解的。因目前对这两个名词的意义的看法还不统一，故我们暂时保留这两个名词，未做统一。Passega（1957，1964）认为递变悬浮沉积物是受底部摩擦所引起的紊流控制的，紊流愈强时，悬浮的颗粒愈粗；当紊流减弱时，开始沉积。递变悬浮沉积物的一个最大特点是 *C* 和 *M* 成比例地增加。因此，可以假定那些 *C* 与 *M* 具有严格比值特征的沉积物是由递变悬浮形成的。由于其成比例地增加，此段内的各样品在概率累计曲线上成中部互相平行的直线，并且 *F-M*、*L-M* 曲线的中部也成直线且与概率累计曲线平行［图 3-16（a）］。当代盆地中常见的河流及浊积岩常具有这种特点。递变悬浮物受底部紊流控制，被紊流举起进行分选，这可由其中常含的凹槽、沟模、负载模、斜层理、波纹等底流构造所证实。

递变悬浮沉积物的最粗粒径 *C* 值很少大于 1mm，而中位数小于 100μm 时，往往在 *C* 和 *M* 之间就不成比例地增加了。虽然递变悬浮区大多由最粗的悬浮物组成，但是它也可以捕获一部分细粒物质。

(5) *RS* 段：为均匀悬浮区。一般位于递变悬浮区之上，厚度也更大，但浓度则较小，在垂直方向上浓度和粒度均匀且一致。密西西比河某地的均匀悬浮区最大浓度为 3.5g/L，有 10m 厚。但密西西比河有时可以不存在递变悬浮段，均匀悬浮段直接与河底接触。因均匀悬浮在 *C-M* 图上 *RS* 段的 *C* 值是常数，只有 *M* 值变化，故累计曲线的形状呈一系列的凸形，*F-M*、*L-M* 曲线的形状也大致相同［图 3-16（b）］，一般均匀悬浮的粗粒组分分选性好，随着 *M* 值变小而分选性变差。

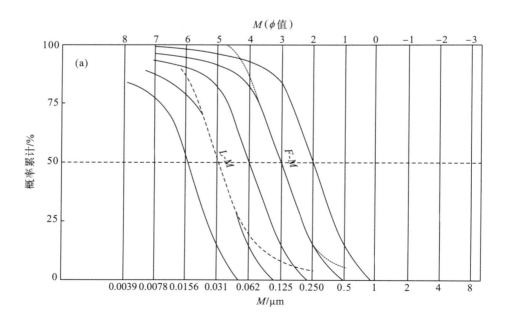

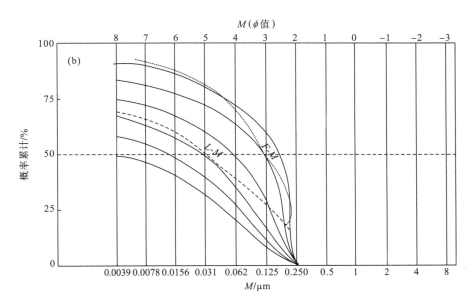

图 3-16 递变悬浮概率累计曲线及 *F-M*、*L-M* 曲线(a)和均匀悬浮概率累计曲线及 *F-M*、*L-M* 曲线(b)

注：实线为累计曲线，点线为 *F-M* 曲线，虚线为 *L-M* 曲线

  递变悬浮物和上覆的均匀悬浮物之间界限是变化的。当流速不变，但悬浮物的浓度增加时，均匀悬浮物的最下部分即转变成递变悬浮物；当浓度不变，速度降低时，可以得到同样的效果。因此当底流速度逐渐变低时，均匀悬浮物可以转变成递变悬浮物而发生沉积，但非直接沉积。然而有些地区，如当代亚得里亚海深 230m 处，底流就十分微弱，沉积物为泥质粉砂岩与页岩的互层，页岩中含深水动物群，粉砂岩成块状且未发现任何沉积构造。这种砂质沉积物是均匀悬浮沉积，未经底流的分选，是由表流和中间流搬运一定距离后，经过底部水直接沉积，而不是经过递变悬浮阶段而沉积的。它最初沉降的是粗颗粒粉砂，随后粉砂的含量减少，细屑物质增加，这时 *C-M* 图的 *C* 值不变而 *M* 值改变；*C* 值颗粒的质量分数与 *F*(小于 125μm 的颗粒)值颗粒的质量分数相比，反而下降。

  均匀悬浮物的最粗粒级通常细于 250μm。

  当代的均匀悬浮沉积有河床内的隐蔽区、泛滥平原，海的近岸潟湖及很细的波浪沉积物。某些海槽沉积亦属均匀悬浮沉积。

  (6) *T* 区：远洋悬浮区。该区最细粒的物质或聚合体，可以由表流搬运至一定距离的位置。暂认为它们的粒度 *C* 值小于 31μm，*M* 值小于 3μm。与均匀悬浮物之间无明显的界限，在海洋陆棚外斜坡的均匀悬浮沉积中，最细最深(50m)的沉积物亦暂归此类；河流的后沼泽沉积可属此类。

  牵引流的 *C-M* 图上有几个临界值，如 C_r、C_s、C_u 和 C_g 等。C_r 代表最易滚动颗粒的粒度，C_s 代表递变悬浮颗粒的最大粒度，为底部最大紊流的指标，而这段的最小粒度用 C_u 表示；C_g 代表均匀悬浮颗粒的最大粒度，是底部紊流上面水流最大扰度的指标。

  当然，不是所有的牵引流 *C-M* 图都发育全部区段，有些海湾和潮坪的牵引流 *C-M* 图只存在 2～3 个段。

　　浊流通常在一个限定的时间内非常急速地流动，它们的负载完全是悬移质，在源区附近可以使颗粒滚动一定的距离，如一段时间内较长的距离水流连续，并且流经的是沉积作用不强的地区，颗粒也可连续地滚动。浊流 C-M 图和牵引流 C-M 图的 QR 段相似，C 与 M 成比例地增加，说明浊流也呈递变悬浮搬运（图 3-15）。浊流 C-M 图上样品点的中线（线两边的样品点数相等）距 C=M 线的距离 I_m 称为最大分选度，代表沉积物，至少是粗粒部分的分选情况：I_m 值越小，分选性越好。牵引流 C-M 图的 RQ 段同样可测 I_m 值。在浊流图上一般只有临界值 C_r，而无 C_g 和 C_s。浊流 C-M 图上的 C_s 值代表最大的水流扰度。

　　在浊流速度逐渐变慢，沉积物发生沉积之前，向水的底部运动，因而密度增加，形成密度层理，密度层理的形成反过来又促进沉积物扰度下降，于是开始沉积。而沉积作用又反过来进一步促进密度层理增加。这种自身促进作用使之形成悬浮沉积作用体，由于在底上粒度较粗，因而变成一种底上的砂流，直到受到阻力而停止。因此浊流形成的递变层并不代表逐次下降的流速所控制的渐次沉积作用，而是反映沉积作用开始时悬浮物的粒度分布情况，浊流形成的沉积物构成所谓的浊积岩。

二、F-M、L-M 和 A-M 图

　　很多 F-M、L-M、A-M 图表明，样品点在图上很集中，因此可用一条线表示［图 3-14(a)］。在图上有 50%的固定点，分别为 125μm、31μm 及 4μm 的 M 值。三种曲线上 F、L、A 等于 20%的 M 值可以近似地表明分选情况。某些海滨砂分选性最好，M 值很少低于 100μm，它的 F=20%的 M 值接近 150μm，这是天然沉积物中测得的最低值，其 L、A 值几乎为零。某些与浊积岩属同一盆地的浅海砂，由于盆地的活动性强，其 F=20%的 M 值大于 400μm，L 值大于 10%。另外，一些盆地活动性不明显的浊积岩，其 F=20%的 M 值为 190μm，L 为 1%。河流的情况介于海滨及某些浊流之间，密西西比河的 F=20%的 M 值为 180μm，L 和 A 值几乎为零。

　　上述各种图均使用了 M 值，而 M 值在表征沉积物的最粗及细粒组分上是否有效呢？可以说大部分情况是有效的。首先，与 C-M 图 QR 段相当的沉积物，M 是 C 的函数，并且可以看作是仅有的独立变量，因此 M 值可以表征沉积物的特点；线段 RS 可以看作很细的砂或粉砂与更细的细屑混合物，C 值往往保持不变，M 值代表这两种组分的混合情况，因此 M 值也能表征沉积物的特点；当悬浮物混有滚动颗粒，而且含量少，不足以影响 M 值时，上述情况仍然有效；当含量多，影响 M 值时，M 值不能表征沉积物的特点，然而可以根据所作的 F-M、L-M、A-M 图上的点比较分散来识别这种情况。

三、粒度象的应用

1. 判断沉积环境

　　Passega(1957)根据已知环境的当代沉积样品，制定了基本的 C-M 图形（图 3-17）。他对于河流的综合 C-M 图的理解是，PQ 段（图 3-17 的 V 区）样品点一般代表河道沉积；

QR 段（Ⅳ区）样品点代表水下堤或沙坝沉积；RS 段（Ⅰ区）样品点代表河道内的隐蔽安静部分的沉积[图 3-14(b)]。

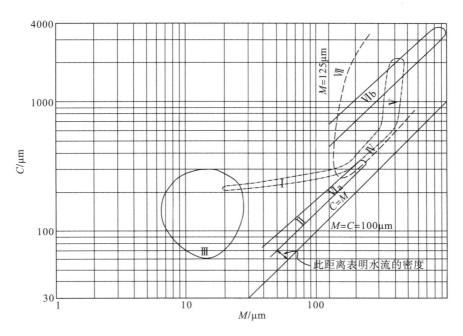

图 3-17 当代沉积物的 C-M 图基本图形

注：Ⅰ、Ⅳ、Ⅴ为河流或牵引水流区域编号；Ⅱ、Ⅵa、Ⅵb 为浊流区域编号，其中 a、b 表示沉积环境类型或流体类型；Ⅲ为静水沉积区域编号；Ⅶ为海湾区域编号

  Royse(1968)认为递变、均匀和远洋悬浮三部分近似地代表河道底部、泛滥平原及河漫湖和后沼泽沉积。

  由于 C-M 图是很多样品点综合而成的图形，而一般河流沉积多在牵引流 C-M 图上呈"S"形，因此可以利用此特点来判断未知环境沉积物的成因。例如，对于鄂尔多斯盆地侏罗系的一些砂体，我们根据大量证据（包括岩层层序、斜层理及其他沉积构造，砂体几何形态和分布，岩体等厚线分布，粒度概率累计曲线，结构参数散点图等）确认其为河流相沉积。据少量现有资料试作了一些 C-M 图，将其与综合 C-M 图对比，也同样显示了河流流积特征的趋势，样品点几乎全部落在河道及沙坝区内（图 3-18）。不少学者和工程技术人员也做过系统的 C-M 图分析，由于一些原因，这里没有引用他们的图件，但是，他们的分析都说明了 C-M 图对区分沉积环境和解释沉积物沉积特征是有价值的。

  当代冲积扇的 C-M 图形与河流的类似。Bull(1962)在冬季多雨季节后对几个冲积扇进行研究，发现冲积扇属牵引流、泥流及二者之间的过渡类型（图 3-19）。其牵引流 C-M 图缺乏 RS 段，PQ 段的下限是 1500μm，大于 1500μm 的沉积物代表牵引移动，为河道沉积。QR 段内的样品代表浅的网状河、面状水流以及大河河道内的沙坝沉积。这部分线段大致与 C=M 线平行，因此 C 和 M 成比例地增加，C 值与 M 值接近说明分选性好，至少是粗粒部分分选性好，这部分的有些沉积物和滨海沉积物分选性一样好。

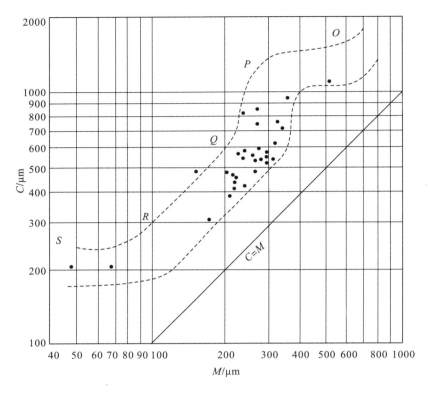

图 3-18　鄂尔多斯盆地侏罗系延安砂岩的 C-M 图

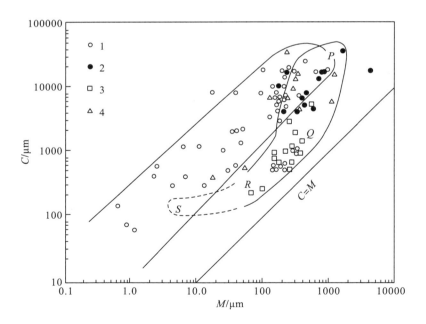

图 3-19　冲积扇和泥流沉积的 C-M 图

图 3-19 上方的长条状图，与 $C=M$ 线几乎平行，但 I_m 值较一般浊流的要大，它代表分选性差的泥流沉积；较小的 C 值和 M 值代表更强流动性的泥流沉积物。泥流的分选性很差，$S_o = 2.5\sim5.0$；ϕ 值标准差 σ_ϕ 是 $4.1\sim6.2$；ϕ 值四分位标准差 QD_ϕ 是 $2.3\sim4.7$。可以看出，泥流 $C\text{-}M$ 图与浊流 $C\text{-}M$ 图的基本图形相同，这是因为泥流的沉积机制与浊流类似，而且无论是泥流还是浊流，其本身的区别在于密度和分选性。浊流图中线上的样品点，其 C 值是 M 值的 $2.3\sim4.2$ 倍。而沿泥流 $C\text{-}M$ 图中线上的点，C 值是 M 值的 $40\sim80$ 倍，这说明泥流较浊流有更大的密度或来源物质粒度变化更大，因此推测，更黏稠浊流的密度和分选性可能与泥流类似。在上述的山麓冲积扇并未发现含砾石、卵石或块石等更能说明环境的粗粒物质，这可能与来源区的物质本来就细，胶结又不紧有关。

Eynon 和 Walker（1974）做了某地更新世冰水沉积砾岩网状河的 $C\text{-}M$ 图，并划分了微相（图 3-20）。与 Passega（1957）的基本图形比较，发现它虽也呈"S"形，但与基本图形的"S"形位置不同。Eynon 和 Walker（1974）认为 Passega（1957）图形上滚动和悬浮的弯曲应取消，同时对这种双众数很发育的沉积物还应同时作其他的粒度分布图并研究沉积构造才能更好地了解它的沉积搬运方式。

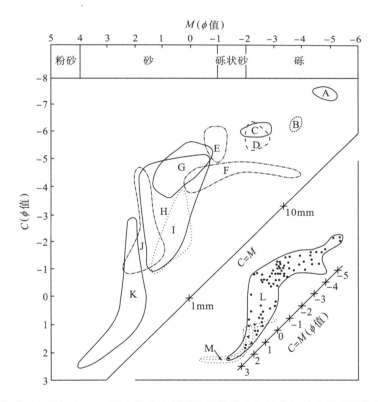

图 3-20　冰水砾石各微相在 $C\text{-}M$ 图上的分布（上图）及总分布与帕塞加基本图形的比较（右下角图）

A. 坝核心砾石；B. 坝前缘砾石；C. 坝背砾石；D. 坝顶砾石；E. 浅网状河充填沉积物；F. 浅网状河板状斜层理；G. 坝背斜层理；H. 边河槽状斜层理；I. 坝前缘砂；J. 浅网状河砂；K. 边河的平行及斜纹层砂；L. 总分布；M. Passega（1957）的基本牵引流 $C\text{-}M$ 图

2. 估计古海深

在深度小于 100m 的浅海上波浪是主要的搬运营力，同时，波浪在海底往返运动乃是一种牵引流，其形成的沉积物也形成牵引流 C-M 图形。当海深加大时，波浪的活动减弱，最大扰度指数 C_s 应是海深的指数。盆地越深，C-M 图的 C_s 值越小。这个设想已在意大利北部上、中新世沉积中由蟛科生态提供的海深所证实。在图 3-21 上蟛科所代表的深度截线间连一条线就得到 C_s 和海深的关系。此线只能提供近似的海深，因为暴风雨时的最大波浪大小在不同地区、不同时代是不一样的。因此，对别的地区和时代只能提供海深的相对值。

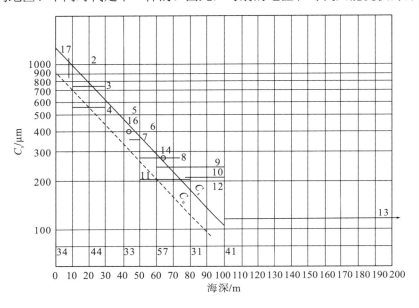

图 3-21　C_s-海深图

波浪沉积的 C-M 图上同时还存在 C_n 和 C_r 之间的关系。在不知道 C_r 值时，也可以用 C_n 值来估计相对海深。但需要注意如果全部粒度都呈均匀悬浮搬运，则 C_n 只是代表均匀悬浮的最大扰度，并不一定能用来估计水深，然而可以设想，如果 C-M 图上表明沉积物中部分粗到能呈递变悬浮，则还是可以根据 C_n 来推断海深。

为了检验当代海洋沉积物是否符合 C_r 与海深的关系，在亚得里亚海不同深度（10～50m）取了 250 个样品，按深度（10m、15m、20m、25m、30m、40m 及 50m）作了 7 个 C-M 图（Passega et al.，1962）。40m 和 50m 的 C-M 图是典型的页岩图，最大 C 值分别为 64μm 及 62μm，其他图全为均匀悬浮搬运的沉积物图形，没有递变悬浮沉积物。因此，只能利用 C_n 值来估计海深，结果发现每个图的 C_n 值在深度从 10m 增加到 30m 时有规则地减小，但与海深的关系和图 3-21 的表现不同，总的 C_n 值比图 3-21 的要低些，这与当地河流供给的物质普遍较细有关。如上所述，在这种情况下，C_n 不能直接用来做深度指标，只能指示相对的深度变化。

Passega 等（1962）认为当代的海中沉积物似乎都是均匀悬浮搬运的，只是在近岸处有部分滚动搬运，递变悬浮搬运是缺乏的；然而古代则不同，很多剖面证明递变悬浮沉积物是广泛发育的。当沉积物呈递变悬浮搬运时，就可以用 C_s（或 C_n）来测海深；可以在地层剖面上记录海深变化(图 3-22)。

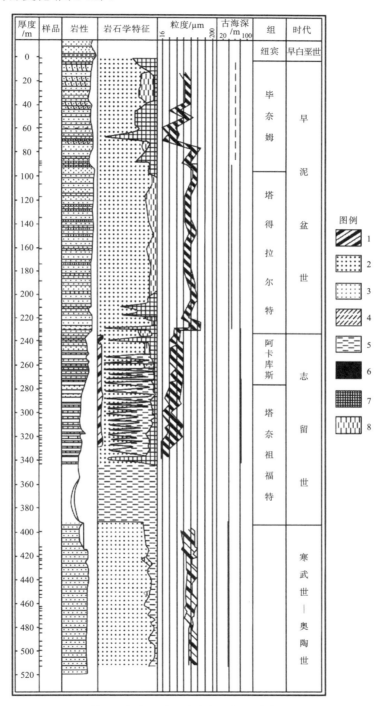

图 3-22　利比亚库夫纳盆地古生代岩性、粒度和古海深剖面

1. 长石；2. 石英；3. 硅酸盐矿物；4. 云母；5. 黏土；6. 碳酸盐矿物；7. 氧化铁；8. 高岭土

当已知地区内很长时期海深是稳定的时，可以认为沉积物供给和盆地沉降是平衡的；同时还可以作出当时的古海深平面图，以表现古海底地形(图 3-23)。

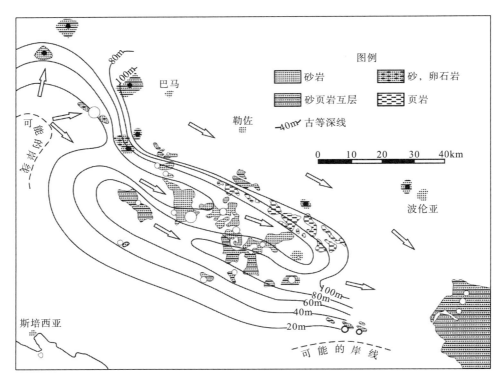

图 3-23　古海深平面图

注：等深线为 20m (其他与海深无关的图例未注明)

除上述方法研究古海深外，也常作 C、M、L、F、A 等的等值线图。这些等值线的分布趋势往往与海的等深线分布趋势大体一致(图 3-24)。因此，对上述等值线的研究也可了解古海深的情况。

研究古海深具有重要意义，因为沉积物的特性主要由海深及供给物质的性质决定。海深加大时，一般来讲粒度变细；而细粒物质固结后，其渗透率会降低。当然，沉积物变细时，分选性往往会变好，渗透性相应又有所增高。因此粒度变细对渗透率的影响是有一定限度的。这可以说明为什么有的海深达 50m 却具有高渗透层。生油层的存在也与海深有关，一般 C_s 低于 500μm 时才会出现生油层，这是因为海的较浅处，底水是搅动的，供给过量的氧，以致不能保存有机物。另外，海底搬运显然也与海底地形有关，但这方面的研究还不多。递变悬浮在重力作用下趋向于充填海底凹地，如果量较多，则它们形成分布很广的毡状层，在高地区变薄或尖灭，这种尖灭可在任何深度的海底发生，不应误认为是发生在近岸。递变悬浮有时也可形成海底沙洲或海底河道，它们沉积得很快，并且构成一个具有表面坡度的透镜体。碎屑物质因搬运方式不同而在侧向变化时，可以形成很好的地层圈闭。因此，对一个地区沉积搬运方式及分布的了解，有助于寻找地层圈闭油田。

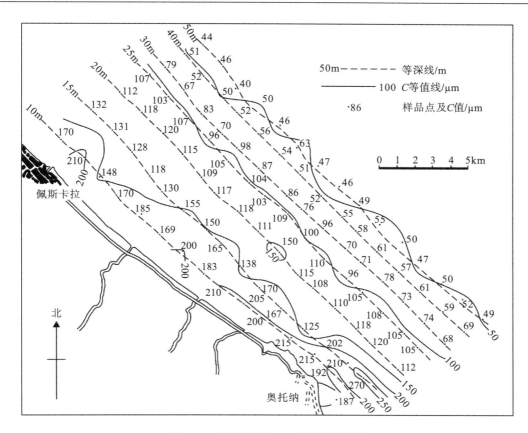

图 3-24　海等深线与 C 等值线关系图

3. 粒度象的分选性参数 I_m（分选度）

关于 I_m 的定义前面已谈过。I_m 同时也表示沉积物的分选度，至少是粗粒沉积物的分选度。I_m 值的一般范围，从牵引流及浊流的小于 1 至泥流的大于 6。所有递变悬浮物及浊流，粗粒和细粒的样品点都位于距 $C=M$ 线同等距离的位置上，因此它们的 I_m 值相同、具有相同的分选度。

1)$g(F_{50})$（细砂分选梯度）

沉积物的分选性越好，$F\text{-}M$ 图的中值线（相当于 50%含量的线）越靠近曲线的中部而且斜率越大。因此可以利用 $F\text{-}M$ 线中心斜率（即 M 趋近 125μm 时的斜率）作为量度细砂的分选指标，称为细砂分选梯度，以 $g(F_{50})$ 表示。求法是用 125μm 附近的增量 ΔF、ΔM，求出 1ϕ 单位 ΔM 所相当的 ΔF 百分数，数值越大表示分选性越好。如前所述，$F\text{-}M$ 线的中部是一直线，其斜率易于量度；如为曲线，在量度时只能利用趋近 125μm 的点的切线求增量[图 3-14(a)]。

2)$g(L_{50})$（粉砂分选梯度）

它代表 $L\text{-}M$ 线靠近 31μm 处的斜率，求法同 $g(F_{50})$[图 3-14(a)]。

$g(F_{50})$ 和 $g(L_{50})$ 值与中位数 M 为 $125\mu m$ 的砂和 $31\mu m$ 的粉砂的水动力特点有密切关系。若递变悬浮物是底流速度减小而沉积，则 $g(F_{50})$ 值的变化主要取决于沉积物的粒度分布和不同的浓度。在等粒度和相同水密度时，密度最小时的沉积物分选性最好，而大密度形成分选性差的成团沉积。若属同样的悬浮物和水密度，则粒度分选性最好的悬浮物形成分选性最好的沉积物。这对递变悬浮沉积的粉砂也适用。而 $g(L_{50})$ 则主要指示沉积作用的方式，它随环境不同而变化。

Passega(1972)收集了很多地区的细砂的 $g(F_{50})$ 值和粉砂的 $g(L_{50})$ 值，以此为纵横坐标作图(图 3-25)，确定了 $g(F_{50})$ 和 $g(L_{50})$ 的分级为：0～15，无分选性；15～30，分选性很差；30～45，分选性差；45～65，分选性较好；65～90，分选性好；＞90，分选性很好；最大的分选梯度值达 150 以上。在图上画出 $g(F_{50})=g(L_{50})$ 线，靠近此线的属于第一组沉积，它们属递变悬浮的粉砂沉积物，因此在分选性上与细砂很类似。在此组沉积中，分选性最差的是古活动性盆地的浊流沉积物，现代大西洋浊流的分选性稍好些，可能是它来源于陆棚，反映了陆棚沉积物的分选性。此组中分选性最好的是席状水流沉积(如撒哈拉盆地古生代的平伏砂岩层)。分选性"好"和"很好"是与盆地的稳定性一致的。第二组是均匀悬浮的粉砂沉积物，其 $g(L_{50})$ 比 $g(F_{50})$ 的值低得多。本组中还包括图 3-25 左上和右下分开的两栏中那些只能测到一个参数的沉积物。此组中分选性最好的是当代海滩砂，它比近岸的浅海砂分选性好，后者的分选梯度区间很大；分选性最差的是活动性盆地的浅海砂，其 $g(L_{50})$ 值与浊积岩类似。

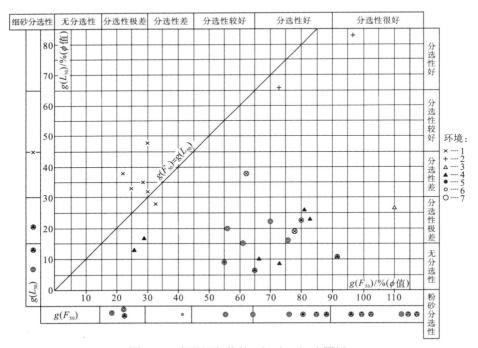

图 3-25   各种沉积物的 $g(F_{50})$-$g(L_{50})$ 图解

1. 浊积岩；2. 席状水流；3. 海滩；4. 浅海；5. 潮；6. 冲积；7. 当代沉积

注：图左上及右下两个分开的栏内，表示的是只知道一个参数的沉积物分选度

　　总之，各种沉积物可以在分选度图上表示出来。从图 3-25 上可以得到关于盆地活动性和环境的重要资料，$g(F_{50})$ 主要受盆地活动性因素控制，强烈活动性盆地的所有细砂，不管环境如何，其分选性都很差；但是，活动性并非控制 $g(L_{50})$ 的主要因素，如在强烈活动性盆地中，边部沉积与浊积岩之间在分选性上就有相当大的差别。在同一盆地中，分选梯度的变化是指示环境的重要资料，如在一定条件下，浅海细砂沉积物比河流沉积物的分选性好，而含相当大比例细屑的河流悬浮物和经过强烈簸分的海砂，在分选性上的区别就特别明显。如果河流(三角洲)悬浮物是由侵蚀海砂而来，同时这种海砂沉速高又未受到过簸分，则这种差别就将不存在。在活动性盆地中浊积岩分选性一般很差。

　　研究 $g(F_{50})$ 和 $g(L_{50})$ 值在剖面上的变化，可以指示盆地的活动性及有关沉积作用方式的变迁历史。例如，波河谷盆地在第四纪时的分选性变化表明，这个盆地在中新世至早第四纪为一强烈活动性盆地，主要充填了浊积岩，只在边部地区有分选很差的浅海砂。在晚第四纪时，盆地变得相当稳定，这时沉积了比早期砂体分选性更好的浅海砂和大陆砂。

　　分选梯度和环境的关系可以用来分辨盆地不同地区。分选梯度值的横向变化可以区分海相和陆相环境。例如，某地三角洲的河流沉积物的 $g(F_{50})$ 为 18%ϕ～23%ϕ，海滩为 115%ϕ，浅海为 86%ϕ～89%ϕ，岸外支流河口为 23%ϕ。虽然可以根据古生物来确定海和陆环境，但通常海砂不利于动物群生长，因此，对不含化石的砂体辨认其环境将十分困难，这时可通过古生物与分选性数据结合、协同做出判别。

　　在海相环境中，沿岸线分选性的改变可以指明古河流的河口，垂向上的变化可以提供海进和海退的证据。

　　在一个盆地中，重建沉积物的搬运和分布，有利于圈定地层圈闭的面积和界限，分选性局部明显的变化有利于探明古岸线的情况。

4. 根据粒度象的碎屑岩分类

　　根据粒度象分析沉积作用的水力状况，可以表明一定粒级颗粒的主要搬运机制。根据常见的搬运和沉积类型即可对碎屑沉积物进行分类。在图 3-14(b)中，利用 C=1000μm、M=200μm、100μm 及 15μm 等界线将沉积物分成 Ⅰ～Ⅸ类。

　　沉积物 Ⅰ、Ⅱ、Ⅲ及Ⅸ类的 C 值均大于 1mm，这些沉积物含滚动颗粒，或者在靠近源区处沉积，或者被搬运经过缺乏悬浮沉积作用的地区。

　　Ⅳ、Ⅴ、Ⅵ及Ⅶ类是悬浮沉积物，其中可以含粒度小于 1mm 的滚动颗粒。它们在滚动之前，可能以悬浮状态被搬运了一段距离，因此仍然包括在悬浮沉积物内。

　　M=100μm 的线分开了递变悬浮和均匀悬浮沉积物。Ⅳ、Ⅴ两类均属递变悬浮沉积物，Ⅳ类是高扰动的而Ⅴ类则是中等扰动的沉积物。

　　Ⅵ类仍代表递变悬浮物，Ⅶ类代表均匀悬浮沉积物，通常根据在 C-M 图上的位置是不足以区分这两类的。如图 3-14(b)所示，Ⅵ类基本上位于Ⅶ类范围之内。故还须考虑 C-M、F-M、L-M 的具体图形。由于Ⅵ类是一种低扰动的递变悬浮沉积物，所含的黏土比均匀悬浮沉积物要少，其粉砂的分选性也较后者好，因而二者的 L-M、A-M 图形有明显区别(图 3-26)。Ⅶ类实际上代表一种更为复杂的沉积物。

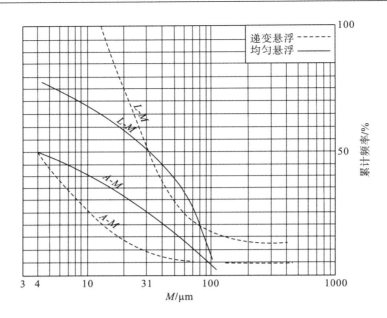

图 3-26   递变悬浮和均匀悬浮沉积的 *L-M* 及 *A-M* 图

Ⅷ类是最细的均匀悬浮和远洋悬浮沉积，沉积物为页岩。

Ⅰ、Ⅱ、Ⅲ及Ⅸ类沉积物由悬浮沉积和滚动颗粒或卵石组成。从 *C-M* 图上可以看出这部分沉积物几乎由悬浮物组成。若是这样，扰度则按Ⅰ至Ⅸ的次序逐渐降低。滚动颗粒的含量也可以很多，这时，一般为双众数沉积物。

应当指出，分界线只是一个分开不同搬运类型沉积物的统计界线。而对水力状况更精确的了解，则应从粒度象分析获得。粒度变化情况，可以用 *C-M*、*F-M*、*L-M* 及 *A-M* 图来表示。

由于 *F-M* 图有 *F*=50%时 *M*=125μm 的固定点，一些分选性极好的单一直径颗粒组成的沉积物，其 *F-M* 图是由 *M*>125μm 时 *F*=0%，以及 *M*<125μm 和 *M*=125μm 时 *F*=100% 的线段构成的。任一图形与分选性极好的图形比较，其偏离程度可用 *F* 为 20%时的 *M* 值来近似地表示。利用这种特点，可以将沉积物进一步划分出亚类，根据亚类的划分可以看出它们之间分选性的好坏，这对石油勘探工作是有意义的。与分选性最好的图形比较，在 *F*=20%时偏离的 *ϕ* 值分级见表 3-1。例如，很多当代海滩和某些现代河流的清洁砂属于 a 级，结合 *C-M* 图，则可分出 Ⅰₐ、Vᵦ 等各类型沉积物。

表 3-1   亚类划分表

级别	*M*/μm	*F*=20%时偏离程度（*ϕ* 值）
a	125～177	<0.5
b	177～250	0.5～1
c	250～350	1～1.5
d	>350	>1.5

5. 粒度象图

在剖面上或平面上均可以表示粒度象。特别是后一种图，不需要确定沉积相就能表示沉积的一般趋势，并且对未固结或疏松的岩石还可以了解其渗透性趋势。这种平面粒度图常被称为粒度象平面图(图 3-27)。作这种图时虽可不必定相，但可参考重要的相标志。

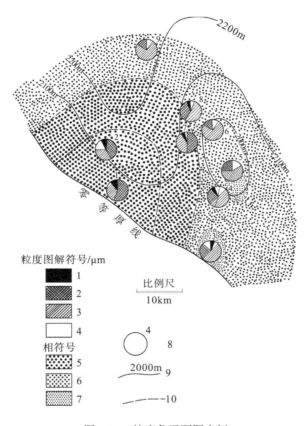

图 3-27　粒度象平面图实例

1. I，$C>1000$，$M>200$；2. IV，$C<1000$，$M>200$；3. V，$C<1000$，$100<M<200$；4. VI，$C<1000$，$M<100$；5. (1+IV)$>50\%$；6. (1+IV)$<50\%$，IV$<10\%$；7. (1+IV)$<50\%$，IV$>10\%$；8. 钻孔及孔号；9. 顶组海下等高线；10. 1mm 颗粒存在的近似界线(I$<10\%$)；其中罗马数字代表的意义参见图 3-14

作图的方法是：首先确定一个作图单位的垂直间隔，根据粒度象分析，确定间隔内的样品类型百分比，用一定的符号来表示该百分比。如图 3-27 所示，1mm 颗粒的界线说明盆地内的扰度降低、悬浮沉积作用加强，以致阻止了很粗颗粒的滚动，最粗的悬浮颗粒开始沉降。中位数小于 100μm 的沉积物是席状水流构成的递变悬浮沉积物。同等高线上沉积物的粒度向下游方向逐渐变细，说明可能属海下三角洲的环境。如果沉积物未被完全胶结，则渗透性一般与粒度类型有关。故通过这种图可以研究渗透性变化的趋势。

四、粒度象的采样和分析要求

采样和分析工作不当，常常造成 C-M 图上的点分散。做粒度象的采样应尽可能地取自同种岩石。若是砂、页岩互层，则必须在砂岩和页岩中分别取样和分析。若系砂、页岩混合取样，则分析结果的 C 值代表砂岩，而 M 值代表页岩，这样的样品点会落在 C-M 图图形的外边。总之，一个样品应该是代表一个沉积作用，而且是同一个沉积作用时期的产物。

C-M 图通常是根据最细至最粗粒度的各种沉积物的 20～30 个样品作出的。地面剖面采样比较理想，因为可以直接看到沉积物的总貌，还可以加以选择，每个样品通常代表一个 3～4cm 厚的层，而一个 C-M 图代表几米厚的剖面，在一个厚几百米的地层剖面上，可根据岩性变化特点分配采样位置。钻井岩心也能作出好的图形，若是岩屑样品，则须注意，只在单个岩屑达到一个样品重量时才能使用；如果是一小块砂岩或灰岩，只要能切成薄片进行分析即可应用。在做筛析前，样品应经过 H_2O_2 处理，筛子使用 1ϕ 间隔的就可以。小于 31μm 的组分，如果没有细分的套筛，可用移液管进行分析。如果是做薄片分析，则最好沿层面切片，用点计法测 300 个颗粒的最小直径，小于 31μm 的颗粒，不进行测定。薄片粒度分析的结果，可以不必换算成筛析数据也能得出相对应的结果。

第三节　用粒度指数研究沉积环境

考虑到沉积物大部分含纹层或层，而逐层取样往往不可能，因此一个粒度分析的结果常代表一个复合的分布。这时，只用平均粒度来表征沉积物往往不能说明问题。于是有人建议用四分位数（Q_1、Q_3），同时考虑中位数或曲线尾部情况来制定沉积物的分类表。为避免名称过长而采用数字符号（ϕ 值级）代表。例如，符号 112 代表的是 Q_1 和 M_d 都是 1，属粗砂级，Q_3 是 2，属中砂级。

Doeglas（1968）将上述分类原则应用到分级更细的乌登-温特沃思粒级上（图 3-28）。以图纸的对角线方向表明 M_d 值，M_d 点上垂方向的点表明 Q_1，下垂方向的点表明 Q_3。从这种图上不仅能看出粒度参数，而且也可看出四分位标准差及偏度情况，如 164 号样，Q_1 和 Q_3 至 M_d 的距离不足 1ϕ，这意味着该样品分选性好，因其四分位标准差 $\frac{1}{2}(Q_3-Q_1)<0.5$，Q_1 和 Q_3 对称地位于 M_d 的两边，因此不是偏态分布。相反，187 号样的分选性很差，因其四分位标准差 $\frac{1}{2}(Q_3-Q_1)>0.5$，同时属正偏，$(Q_3-M_d)>(M_d-Q_1)$。

在这种图上，当四分位数大于 9ϕ 时，点的位置即画在基线上，如样品 195、177、194、178 等。9ϕ 以上（小于 2μm）的粒度只在特殊的科学研究中才确定，同时小于 2μm 的粒级含量在沉积物经受了成岩后生作用时可以发生变化。

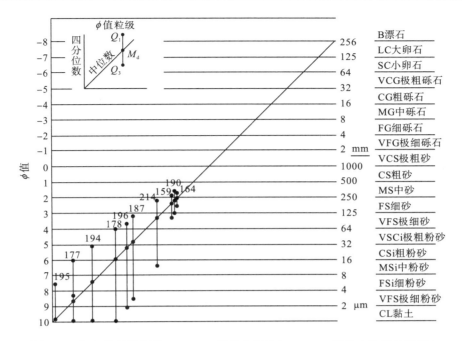

图 3-28　沉积物的粒级及 Q_1-M_d-Q_3 样品表示法（195、177 等数字为样品编号）

实际画图时，只用点来表示，可以很明显地表明沉积物的粒度分布情况（图 3-29）。从图上还可看出，它们能清楚地表现沉积环境的特性。

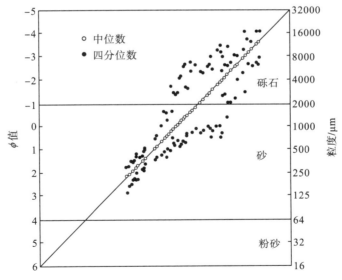

图 3-29　Q_1-M_d-Q_3 指数图（样品采自德国及荷兰境内的莱茵河）

作图方法是取 Q_1、M_d、Q_3 的整数 ϕ 值。若原数值不是整数，则正 ϕ 时可取紧接着的大一些的整 ϕ 值；负 ϕ 时取紧接着的小一些的 ϕ 值。如 $M_d = 4.36$，则取为 5；$Q_1 = -2.64$，则取为 3。在三指数分类表中 0ϕ 值并不用来代表 1000μm，而是代表 10ϕ（1μm），这差不多是颗粒最细的粒级了。在命名时，当大于 0ϕ（即 -1ϕ、-2ϕ、…）时，按界线之下的名称命名，如 -2ϕ 称为极细砾石；当小于 0ϕ 时，则按界线之上的名称命名（如 2ϕ 称为中砂），以解决缺乏 0ϕ 名称的问题。

Q_1 - M_d - Q_3 指数的优点除前述可以从指数直接看出沉积物的粒度参数、四分位标准差、偏度（如 222、666 两个样品为分选性极好的对称分布，122、223 为分选性好的轻微负偏或正偏，123、457 分选性很差）外，还可以一眼就看出变化的情况（如 222、223、233、333、334 是慢慢地变细）。最后一个优点是便于用计算机处理资料，如使用趋势线及趋势面分析等。缺点是没有考虑峰态的情况。

Doeglas（1968）根据已知环境的 30197 个样品制定了三指数及五指数分类表，为了避免混乱，对分类表做了一些规定，具体如下。

（1）中位数和四分位数在同一级内时，以此级的名称命名，如 222，即可称为中砂。

（2）四分位数围绕中位数对称，命名时以四分位数的名称为名称，中间用连字符，不管中位数的名称。例如，234 的名称为中砂-极细砂，$\overline{211}$ 为极细砾石-粗砂，246 为中砂-粗粉砂（图 3-28）。

（3）一个四分位数距中位数比另一个更接近时，则以靠近中位数的四分位数为名词，另一个为形容词。例如，122 为粗砂质中砂，120 为黏土质粗砂。这和过去常用的命名原则不同，过去命名时所加"质"字是代表含量的意义。因此，使用此法时须注意不要和其混淆。

下面介绍三指数分类表和五指数分类表。

一、三指数分类表

分类原则是纵坐标根据 M_d 值分组，每个组内再根据 Q_1 值从表的上方至下方，Q_3 值从表的左方至右方细分（表 3-2）。在分类表内各位置上的字母代表不同的环境，字母与等号后面的数字代表属于这种环境的样品数，同一环境的符号位于方框内的相同位置上。每种 M_d 值中从上至下分选性变好，负偏度变小、粗尾消失，如 $\overline{123}$、123 到 223；从左至右变得正偏、细尾更明显，如 233、234、235、236 至 239。

分类表共指示以下几种环境。

（1）河流（R）：

$M_d = 2\phi$：122

$M_d = 3\phi$：236、237、238、239、335、336、337。

$M_d = 4\phi$：246、247、249、347、348。

$M_d = 5\phi$：358、359、350。

$M_d = 6\phi$：369、360、468、469。

$M_d = 7\phi$：370。

$M_d = 8\phi$：380、480。

分类表中未列 1ϕ 及 -3ϕ、-2ϕ、-1ϕ 的样品，因为所包含的样品过少，这几种 ϕ 值主要属于河流沉积及少量冰川和海滩沉积。海滩沉积一般分选性更好些，如 $\overline{432}$、$\overline{322}$ 和 $\overline{321}$，属河流沉积的有 $\overline{531}$、$\overline{422}$、$\overline{521}$。

表 3-2　三指数分类表

不同环境与对应的样品数

Q_1M_d	Q_3 2	3	4	5	6	7	8	9	0
$\overline{12}$	R=1	G=1							
12	R=5 G=3 B=2 D=1	R=3 G=3 B=3 T=1	T=3						
22	R=3 B=33 D=2	R=11 G=1 B=41 D=7 C=7							
13		T=3	T=2	T=1					
23		R=19 G=2 B=34 D=20 DE=1 A=1 C=14 T=1	R=6 B=3 DE=1 F=5 H=2 L=3 A=2 C=1 T=1						
33		R=9 G=1 B=10 D=24 F=1 H=2 L=1 A=2	R=6 B=3 DE=1 F=5 H=2 L=3 A=2 C=2 T=1	R=6	R=2	R=2			

续表

不同环境与对应的样品数（Q_3）

Q_1M_d	2	3	4	5	6	7	8	9	0
24					R=3	R=2	R=3	R=3	R=3
34			F=5 H=3 L=5 A=2 C=2 T=7	R=3 DE=1 F=2 L=1 A=3 C=1 T=1	R=9 G=3 DE=1 C=1	R=8	R=6	A=2	H=3 A=1
44			F=2 H=4 L=4 A=2 C=3 M=1	R=1 F=8 H=9 L=4 A=3 C=4 M=1 T=5	F=4 H=4 L=1 A=1 C=1 M=1	F=1			H=3
35				C=1 T=1	R=2 DE=8	R=1 G=1	R=5	R=7	R=2
45				F=2 H=1	R=1 E=1 F=4 H=8 L=6 A=3	R=1 E=1 H=1 L=9 M=1	R=1 F=4 H=3 L=3 M=2	R=2 H=1 M=1	H=2 A=1 C=1
55					E=5 F=1 L=1	F=1 L=5 A=1	F=2 L=4	F=3	F=1

续表

不同环境与对应的样品数

Q_3

Q_1, M_d	2	3	4	5	6	7	8	9	0
46					E=8		R=3	R=7	R=5 F=5 H=1
56					E=11	R=1 E=8 L=5 T=1	R=2 E=4 H=1 L=11 A=1 T=3	R=5 E=4 F=4 H=1 L=3 A=1	
66					E=4	E=5	E=3 L=7	E=3 L=3	L=1
47								E=1	R=1 F=1 A=1
57								F=5 H=2 L=1 A=1 M=3	R=7 G=1
67								E=2 H=1 L=1 A=1	R=1
58								H=1 L=2 A=1	R=7 R=5 L=2 A=1 M=1

续表

不同环境与对应的样品数

Q_1M_d	Q_3								
	2	3	4	5	6	7	8	9	0
68									R=9 F=2 H=1 L=2 A=1 H=1
69									R=11 G=1 F=2 H=1 C=3
79									R=5 F=3 A=1 C=1
89									A=1 C=1
50									H=2
60									F=2 H=2
70									R=2 C=1
80									R=5 R=3 C=2
90									R=10 F=1 C=1

注：不同字母代表不同环境，其中 R 表示河流；G 表示冰川；B 表示海滩；D 表示沙丘；DE 表示盖层砂；E 表示黄土；F 表示潮坪；H 表示潮土；A 表示三角洲前缘；C 表示浅海（深度小于 100m）；M 表示较深海（深度大于 100m）；T 表示浊流；字母与等号后的数字代表对应环境下的样品数；同一单元格中的字母重复出现，表示不同取样点。

(2)浅海(C)、潮坪(F)、潟湖和海湾(L)、较深海(M)等。只有粉砂含量很高的潟湖沉积物和黄土落在某一个区域，如668、669、660，其他几种环境尚不能很好地区分。M_d为9ϕ和10ϕ时无潟湖和海湾沉积，但有三角洲、潮坪、河口和海岸沉积。

　　$M_d = 4\phi$：344、444、445、446、447、440(344有七个浊流沉积物，445有一个河流沉积物)。

　　$M_d = 5\phi$：455、557、558、559、550(455有一个浊流沉积物)。

　　$M_d = 9\phi$：890。

　　$M_d = 10\phi$：500、600。

(3)黄土(E)：366、466、566、666、667。

(4)浊流(T)：124、133、134、135。

二、五指数分类表

　　除三指数外，再加上概率累计为1%和99%时所对应的ϕ值共同构成五指数，可以用来区分那些三指数无法区分的环境指数，如222和333等。

　　分类表共有2~10种M_d值，每个M_d值内有几种常见的三指数，如$M_d = 2\phi$内共分122、123、222、223四个方块；每个方块内又根据横坐标99%值及纵坐标1%值继续细分(表3-3)。一般沿分类表的纵轴从上至下分选性变好、负偏减小，如13334、23334、33334；沿横轴向右方分选性变差、正偏增大，如22333、22334、22335、22336等。

　　5ϕ或更高的ϕ值，99%的数值永远是零，故只能用1%的数值来区分。

　　根据五指数可进一步区分某些环境，然而仍有一些环境区分不开，这时则需考虑"样品系列"。有时单个样品不能确定环境，而"样品系列"则可解决此问题。例如，122、223、233可同时代表河流、海滩、风成沙丘或海岸沉积，但若系列中含234、236、336、248等河流仅有的指数，则可能整个系列均属河流沉积；若系列中含344、446、455、556等指数，则必属于海岸沉积。

　　通过分析，我们认为在表示沉积物的粒度细节上，这种表示法的确有不少优点，然而在确定沉积环境上，则只能说具有一定的价值，还需配合其他方法加以研究。

第四节　结构参数散点图

　　近年来，不少人对已知环境的当代沉积物粒度参数作散点图，在图上得出不同环境的分界线，用来决定古代沉积物的沉积环境，并已取得一定的成果，尽管有人对这些散点图的价值及灵敏度存在疑问，但不同环境存在差别是正常的，虽然也可能有一些例外，然而例外的情况不多，故无损于它的价值。

表 3-3(a)　五指数分类表（一）

不同环境对应的样品数

$Q_1M_dQ_3$ 为 122

1%的φ值	\ 99%的φ值 2	3	4	5	6	7	8	9	0
$\bar{4}$	R=1	R=1							
$\bar{3}$			R=1						
$\bar{2}$		B=2							G=1
$\bar{1}$				R=1					G=1
1		D=1						R=1	R=1 G=1

$Q_1M_dQ_3$ 为 123

1%的φ值	\ 99%的φ值 3	4	5	6	7	8	9	0
$\bar{2}$	B=1							
$\bar{1}$								R=1
1								T=1
								R=2

不同环境对应的样品数

$Q_1M_dQ_3$ 为 222

1%的φ值	\ 99%的φ值 2	3	4	5	6	7	8	9	0
$\bar{1}$		R=1				R=1			R=1
1		B=12 D=1				B=1			
2		B=20	D=1						

$Q_1M_dQ_3$ 为 223

1%的φ值	\ 99%的φ值 3	4	5	6	7	8	9	0
$\bar{1}$						R=1		R=1
1	B=16	R=2 B=14	R=2	C=2	R=1	R=1	C=1	R=5 G=1
2		B=6 D=4	C=1 B=1	C=1		C=1	C=1	D=1 C=1

注：表中字母与数字的含义参见表 3-2。

表 3-3 (b)　五指数分类表（二）

不同环境对应的样品数　$Q_1M_dQ_3$ 为 233（99%的φ值）

1%的φ值	99%的φ值 3	4	5	6	7	8	9	0
1	G=1 B=8 D=1	G=1 B=4 D=5	R=1	R=1 B=1			R=1	R=7
2			R=1 B=1 D=1	R=1 B=1	D=1		R=2	R=5 D=2
3	B=16	B=4 D=4 C=1	C=1	C=1 D=2	C=1	A=1 C=2		C=3 R=2 D=4 DE=1 C=2 T=1

不同环境对应的样品数　$Q_1M_dQ_3$ 为 333（99%的φ值）

1%的φ值	99%的φ值 4	5	6	7	8	9	0
1	B=1 D=1	R=1 D=2					R=1 G=1
2	B=3 D=5	R=1 D=9	B=1 D=4				R=6 B=1 D=3 F=1 H=1
3	B=4	L=1	H=1				A=2

不同环境对应的样品数　$Q_1M_dQ_3$ 为 334（99%的φ值）

1%的φ值	99%的φ值 4	5	6	7	8	9	0
1							R=2 T=1
2	B=3	H=1				DE=1	R=4 D=1 F=3 H=1 L=2 A=2 C=2
3	L=1	F=1					F=1

注：表中字母与数字的含义参见表 3-2。

表 3-3（c）　五指数分类表（三）

不同环境对应的样品数

1%的φ值	$Q_1M_dQ_3$ 为 344 (99%的φ值)						$Q_1M_dQ_3$ 为 345 (99%的φ值)		$Q_1M_dQ_3$ 为 346 (99%的φ值)		$Q_1M_dQ_3$ 为 349 (99%的φ值)	$Q_1M_dQ_3$ 为 340 (99%的φ值)
	5	6	7	8	9	0	9	0	9	0	0	0
2											R=1	
1̄					F=1	F=2 H=1 L=4				R=1 G=1		
1						C=1 T=3	DE=1	R=1	DE=1	R=5 G=2	R=3	R=3
2						F=1 H=2 A=2 C=1 T=9		L=1 A=3 T=1 R=2 F=2		R=3 DE=1		
3								C=1		C=1	A=2	H=3 A=1

续表

不同环境对应的样品数

1%的φ值	$Q_1M_dQ_3$ 为 444 99%的φ值						$Q_1M_dQ_3$ 为 445 99%的φ值		$Q_1M_dQ_3$ 为 446 99%的φ值		$Q_1M_dQ_3$ 为 447 99%的φ值	$Q_1M_dQ_3$ 为 440 99%的φ值
	5	6	7	8	9	0	9	0	9	0	0	0
2	L=1				H=1	F=2 H=3 L=3 A=2 C=2 M=7	H=1	R=1 H=1 L=4 T=2		L=1	F=1	H=3
3		C=1						F=8 H=7 A=3 M=1 T=1		F=4 H=1 A=1 C=1 M=1		

注：表中字母与数字的含义参见表 3-2。

　　此研究较早而且也有一定价值的是鲁欣(1952)的成因图解,成都理工大学在陕北侏罗系沉积的初期研究工作中曾使用过此图解,证明其大体上是有效的。但此图的缺点是过于简单,同时由于涉及的资料不多,图内的界限模糊。

　　早期比较著名的还有 Mason 和 Folk(1958)在美国得克萨斯州木斯唐开展的研究工作,他们得出的结论概括如下。

　　(1)概括图解标准差(σ_I)。

　　0.21～0.26:可能是沙丘。

　　0.26～0.28:沙丘或风坪。

　　0.28～0.30:未定。

　　0.30～0.35:可能是海滩。

　　(2)概括图解偏度(SK_I)。

　　-0.20～0.02:可能是海滩。

　　0.02～0.05:海滩或沙丘。

　　-0.05～0.13:未定。

　　0.13～0.30:沙丘或风坪。

　　(3)标准化峰度(K_G')。

　　0.47～0.53:海滩或沙丘。

　　0.53～0.55:未定。

　　0.55～0.61:可能是风坪。

　　该研究证明偏度对峰度的散点图在区分海滩、海岸沙丘和风坪上有效。

　　Friedman(1961,1967)进行了大量研究工作,得出的模式图经证明基本上有效,只有5%～13%的例外,下面以他的工作为基础,介绍用散点图区分河流、海滩、沙丘的方法。

　　用矩值法标准差和矩值法偏度所作的散点图,能明显地将河流砂、海滩砂、湖滩砂区别开来。

一、工作方法

　　使用 $\frac{1}{4}\phi$ 粒级间隔的常规筛析法,为了避免成分混杂而平行层理取样;砂样的成分包括很广,有石英、碳酸盐矿物、石膏、橄榄石、辉石、磁铁矿、岩屑等各种砂;样品采集的地区也很广,海滩包括部分湖滩及冲刷回流反复作用的冲刷带,河流则包括河底及点沙坝。得到的资料根据表 3-4 所列的统计值公式用计算机处理。

　　关于小于 62μm 的筛余部分,在区分海滩和河流的工作中以两种方式来处理:

　　(1)小于 62μm 组分当作 4.25ϕ 来处理,即将小于 62μm 的细粒组分全部当作粒级是 4.25ϕ。

　　(2)小于 62μm 组分当作 6.00ϕ 来处理。

表 3-4　各种统计值公式

统计值	符号	公式
①平均值	$\bar{X}$	$\dfrac{1}{100}\sum fm_\phi$
②标准差	σ	$\left[\dfrac{\sum f(m_\phi-\bar{X}_\phi)^2}{100}\right]^{1/2}$
③偏度(第三矩)	α_3	$\dfrac{1}{100\sigma^{-3}}\sum f(m_\phi-\bar{X}_\phi)^3$
④立方偏差平均值	$\alpha_3\sigma^3$	$\dfrac{1}{100}\sum f(m_4-\bar{X}_\phi)^3$
⑤概括图解标准差	σ_1	$\dfrac{\phi_{84}-\phi_{16}}{4}+\dfrac{\phi_{95}-\phi_5}{6.6}$
⑥概括图解偏度	SK_I	$\dfrac{\phi_{16}+\phi_{84}-2\phi_{50}}{2(\phi_{84}-\phi_{16})}+\dfrac{\phi_5+\phi_{95}-2\phi_{50}}{2(\phi_{95}-\phi_5)}$
⑦图解峰度	K_G	$\dfrac{\phi_{95}-\phi_5}{2.44(\phi_{75}-\phi_{35})}$
⑧简单分选系数	S_{os}	$\dfrac{1}{2}(\phi_{95}-\phi_5)$
⑨简单偏度	a_s	$(\phi_{95}-\phi_5)-2(\phi_{50})$
⑩简单偏度(众数)	a_M	$(\phi_{95}+\phi_5)-2(\phi_{众数})$

二、海滩砂和河流砂的区分

Friedman(1969)根据 335 个样品(180 个河流砂,150 个海滩砂),作出了 19 张参数散点图,将小于 62μm 作为 4.25ϕ 和 6.00ϕ 两种情况处理,其中只有偏度-峰度图完全无效,其他图可不同程度地分开两个环境区域。为了便于实际工作中参考,我们选择几张区别明显的图说明于下。

(1)立方偏差平均值-标准差散点图(图 3-30)。小于 62μm 作为 4.25ϕ 和 6.00ϕ 两种情况处理的图形差不多一样清楚,这里选用的是作为 6.00ϕ 处理的图形。从图上可以看出,海滩砂的立方偏差平均值是负值或接近零,标准差为极好、好和较好的分选性范围;河砂的立方偏差平均值分布广,标准差落在较好、中等、较差及差的分选性范围。

(2)偏度(第三矩)-标准差散点图(图 3-31)。可看出本图区分环境是有效的,而且可以看出标准差的作用比偏度大。

(3)第一百分位数-标准差散点图(图 3-32)。第一百分位数的定义为相当于 1%累计含量的粒度值,它能表明沉积物粗粒组分的情况。从图上可以看出河流砂比海滩砂的最大粒径粗。这个图用来区分环境是有效的。

(4)平均值-标准差散点图(图 3-33)。本图也是有效的,但可以看出主要是标准差在起作用。

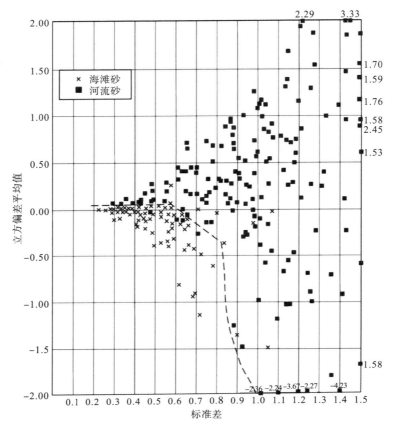

图 3-30 立方偏差平均值-标准差散点图

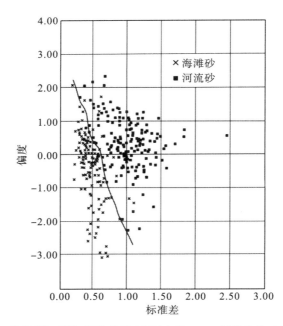

图 3-31 偏度(第三矩)-标准差散点图(小于 62μm 部分作为 6.00ϕ 处理)

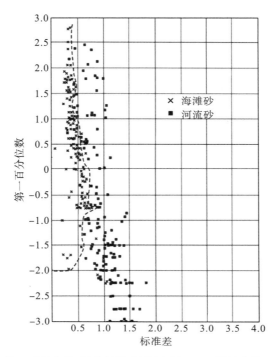

图 3-32　第一百分位数-标准差散点图（小于 62μm 部分作为 6.00ϕ 处理）

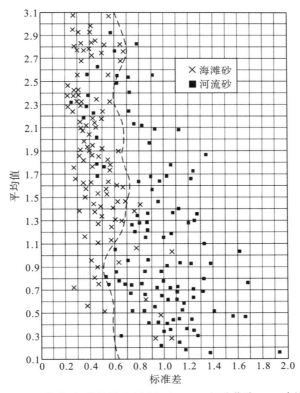

图 3-33　平均值-标准差散点图（小于 62μm 部分作为 4.25ϕ 处理）

（5）概括图解偏度（SK_I）-概括图解标准差（σ_I）散点图（图 3-34）。

（6）简单偏度-简单分选系数散点图（图 3-35）。

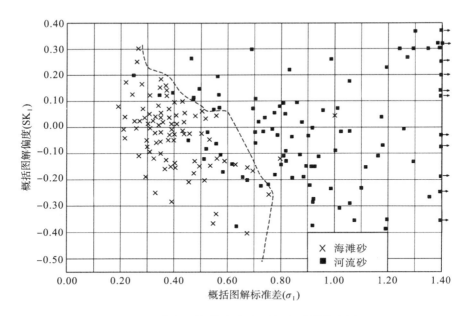

图 3-34　概括图解偏度-概括图解标准差散点图

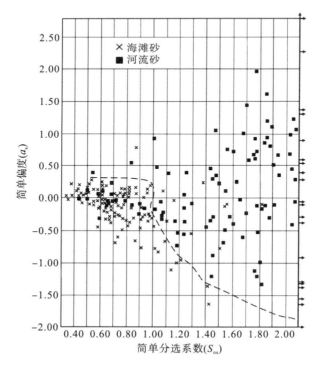

图 3-35　简单偏度-简单分选系数散点图

其他图件还有立方偏差平均值-立方标准差，偏度-小于 62μm 部分的含量，第一百分位数-小于 62μm 部分的含量，第一百分位数-立方偏差平均值，简单偏度-小于 62μm 部分的含量，简单偏度（以众数值去求）-简单分选系数等散点图。限于篇幅，不在这里列举。

造成上述各图中河流及海滩所在位置不同的原因是，河流为单向水流，其沉积的粒度取决于搬运介质的速度，但是细粒物质的存在并不受速度的影响。当能量不够时，粗粒物质留在原地不被搬运，因此常缺乏正态曲线的粗粒部分，以致更易形成正态偏态。海滩砂则因受冲刷和回流的反复作用，细粒物质受到改造和簸分，余下粗粒部分，故更易形成负偏。因此作为环境最精确的部分是分布的"尾"，特别是细尾，河流砂内这个细尾经常存在，而海滩砂内这个细尾不存在或不重要。海滩砂的偏度多在 0 附近或更偏负值。

然而，在散点图上对偏度表现得并不太明显，只在立方偏差平均值-标准差散点图上（图 3-30）稍清楚些。这个图的纵坐标并非真正的偏度而是偏度乘以立方标准差（$\alpha_3\sigma^3$）。因此总的看来，用偏度可以区分河流砂及海滩砂，但有 5%~13%的例外，且不十分明显，尚需配合其他粒度参数进行区分。

区分这两种环境的第二个重要参数是标准差。海滩砂一般比河流砂分选性好，它们缺失细粒部分，并且也如河流那样没有粗粒部分。看起来标准差在区分这两种环境上比偏度明显些。

为什么用偏度区分二者不明显，且有 5%~13%的例外情况？可能主要是由于有些砂是多众数的，或某些沉积物的供应超出了介质的有效能量，未达到平衡。例如，美国得克萨斯州帕德里岛滩砂的正偏是由于细砂区间内存在双众数；阿拉斯加州多山地带的内陆湖，由于快速的沉积而使湖滩砂具有正偏的特点。有些滩砂则因含黏土及粉砂的微细互层而多半落在河区内。但这是暴风雨后的暂时现象，最终细粒物质将被簸分搬运到海（湖）的较深处而达到平衡。虽然河流砂一般有一个细粒的尾部而属正偏，然而正值也可被多众数的结合所抵消。当然可能还有其他原因，但看起来以不同的粒度参数配合时，在区分环境上的作用是清楚的，因此在图上可以划出明显的环境区，例外的情况毕竟是少数。

Moiola 和 Weiser（1968）根据 120 个海滩砂、海岸沙丘砂、内陆沙丘砂和河流砂样品来检验结构参数散点图的灵敏度，并比较了用 $\frac{1}{4}\phi$、$\frac{1}{2}\phi$ 粒级间隔资料所计算的参数的灵敏度。结果发现，在区分环境上不像 Friedman（1961）所说的偏度对标准差最灵敏，而是平均直径对标准差最灵敏（图 3-36）。当以平均直径对标准差作图时，甚至间隔的资料都有效（图 3-37）。

我们对鄂尔多斯盆地侏罗纪某些河流沉积作散点图，证实 Friedman 的模式图基本上还是可用的。我们确定的沉积环境是根据沉积构造、岩相古地理图等特点综合确定的，得出的结果大部分与粒度参数确定的环境吻合，只有少数例外。此外，我国某地白垩系沉积的粒度资料在散点图上多数落在河流相区内（图 3-38），与其他岩相标志鉴定的结果也一致（成治，1976），这些均可说明 Friedman 所作模式图是可用的。

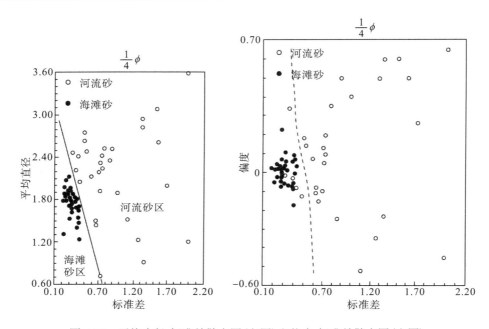

图 3-36　平均直径-标准差散点图(左图)和偏度-标准差散点图(右图)

注：左图是根据 Moiola 和 Weiser(1968) 的资料；右图是根据 Friedman(1961) 的资料；二者均系 $\frac{1}{4}\phi$ 粒级间隔资料

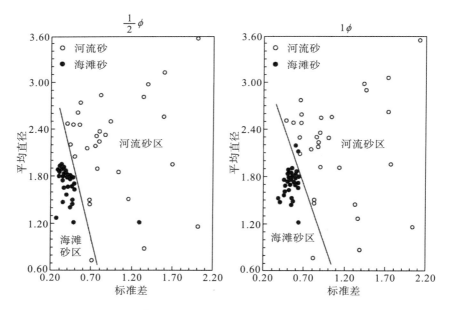

图 3-37　用 $\frac{1}{2}\phi$、1ϕ 资料所作的平均直径-标准差散点图

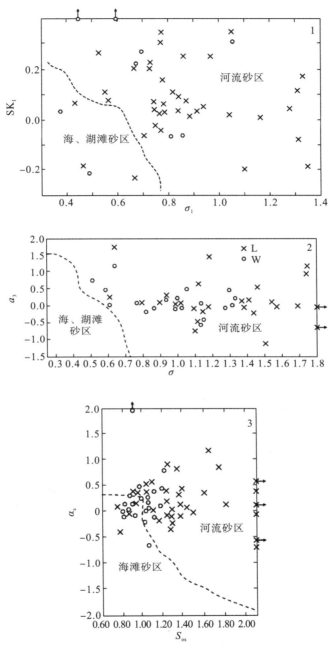

图 3-38　我国某地白垩系沉积粒度资料散点图

注：L、W 代表不同组段的沉积

　　此外，Hand(1967)通过对某地的海滩砂及沙丘砂的研究，发现还可以根据两种或更多种共存的不同密度的矿物在水中的沉速来区分环境，所作散点图的横坐标是中位数粒径的石英碎屑的沉速，纵坐标是 Δ 任一种单矿物值。以角闪石为例，Δ 角闪石值为中位数粒径的角闪石碎屑沉速的对数值减去中位数粒径的石英碎屑沉速的对数值，48 个样品中只有 4 个例外(图 3-39)。然而他的方法比较麻烦,需要用磁选及重液分离先分成单矿物,再分出 200 粒矿物,在一玻璃筒内求沉速。

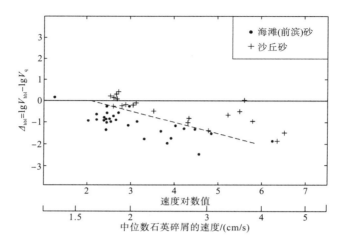

图 3-39　根据矿物的沉速区分环境

注:纵坐标 $\Delta_{hbl} = \lg V_{hbl} - \lg V_q$,即 $\Delta_{角闪石} = \lg沉速_{角闪石} - \lg沉速_{石英}$

三、海滩砂和沙丘砂的区分

Friedman(1961)根据 212 个样品分析结果,证明沙丘砂(包括堰岛、海岸、湖、河流和沙漠的沙丘砂)多为正偏,少数为低负偏,-0.28 或更小,114 个样品中只有 8 个是例外;海滩砂为负偏,少数特殊情况为正偏,但在颗粒较细的砂(如中至细粒和细粒砂中),这种正偏的例外情况少见,18 个湖滩砂中只存在 4 个是例外的情况。因此用粒度的平均值(ϕ值)-偏度图可以区分这两种情况[图 3-40(a)]。样品的成分不影响偏度的符号。毫米图分区也是明显分开的[图 3-40(b)]。

根据 Moiola 和 Weiser(1968)的资料,海滩砂和海岸沙丘砂是无法区分的。无论是平均直径-标准差图、偏度-平均直径图、偏度-标准差图或偏度-峰度图均无清楚的环境分界线。可是海滩砂和内陆沙丘砂却是可以区分的(图 3-41)。其中以偏度-平均直径图最有效,对 $\frac{1}{4}\phi$、$\frac{1}{2}\phi$ 或 1ϕ 资料都是如此,对 1ϕ 资料有效性要差些,这个结论和 Friedman 的看法一致。另外,用偏度-峰度图在 $\frac{1}{4}\phi$ 资料时可以区分海滩及内陆沙丘砂,但资料无效。

他们还注意到内陆沙丘砂和海岸沙丘砂也可以区分,用偏度-平均直径图不管是 $\frac{1}{2}\phi$ 资料还是 1ϕ 资料都很有效(图 3-42)。同时,偏度-峰度图在 $\frac{1}{4}\phi$ 资料时有效,而 $\frac{1}{2}\phi$ 资料时完全失效,但总的来讲即使是 $\frac{1}{4}\phi$ 资料,此种组合也不如偏度-平均值图有效。

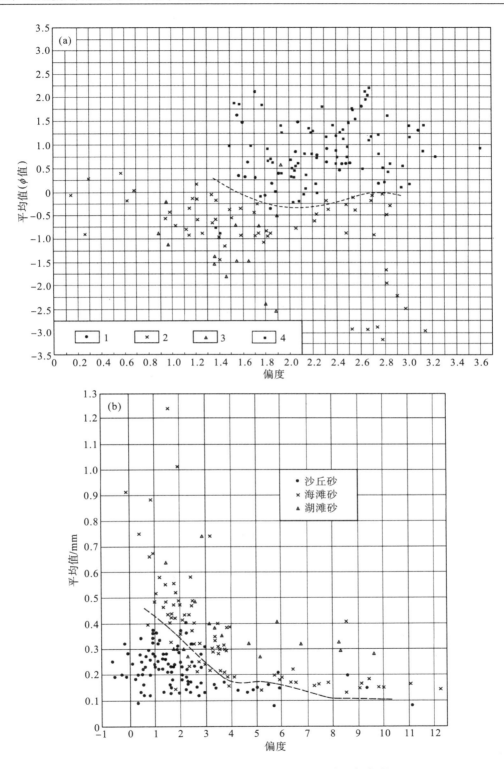

图 3-40　平均值-偏度散点图(区分沙丘砂和海滩砂)

1. 沙丘砂；2. 海滩砂；3. 湖滩砂；4. 不平衡的海滩砂

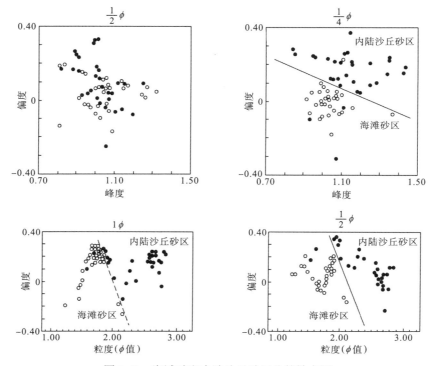

图 3-41　海滩砂和内陆沙丘砂区分的散点图

注：○表示海滩砂；●表示内陆沙丘砂

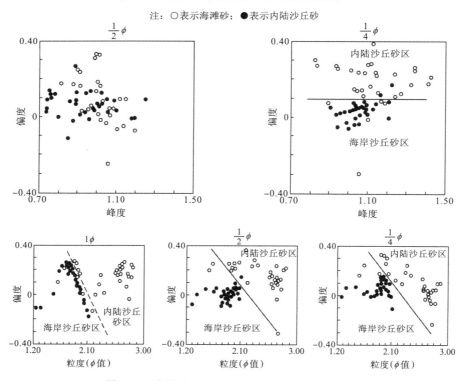

图 3-42　内陆沙丘砂和海岸沙丘砂区分的散点图

注：○表示内陆沙丘砂；●表示海岸沙丘砂

四、河流砂和沙丘砂的区分

河流砂和沙丘砂主要都是正偏，但可以根据分选性区分它们，沙丘砂的分选性好一些。然而在标准差-平均值图上有三个区域，中间的是重叠区，所反映的是中-细粒和极细粒砂（图 3-43）。这种图有人使用过，证实不够有效，因此还需研究其他区分方法。目前是用石英与任一种重矿物平均粒度（ϕ 值）之比来区分二者，河流砂的比值大于沙丘砂的。从某地的轻、重矿物平均值比值-轻、重矿物标准差比值图发现，河流砂和沙丘砂位于不同区域内（图 3-44）。形成这种比值差异的原因如下。

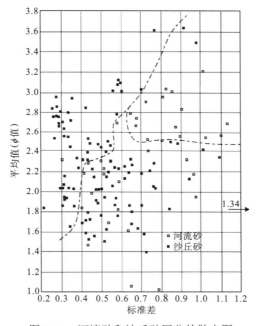

图 3-43 河流砂和沙丘砂区分的散点图

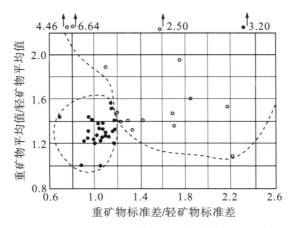

图 3-44 轻、重矿物平均值比值对标准差比值的散点图

注：○表示河流砂；●表示沙丘砂；图中使用的比值与表 3-5 中使用比值的分子和分母是颠倒的，因为图中使用的是 ϕ 值体系

水介质搬运情况下不同矿物粒度间的关系为

$$\frac{r_1}{r_2} = \frac{D_2 - K}{D_1 - K}$$

式中，r_1 和 r_2 是矿物 1 和矿物 2(石英和任一种重矿物)球状颗粒的半径；D_1 和 D_2 是两种矿物的比重；K 是介质(水的)比重。因为空气的比重对矿物的比重而言是微不足道的，故可忽略不计，因此风介质搬运情况下的关系为

$$\frac{r_1}{r_2} = \frac{D_2}{D_1}$$

以重矿物磁铁矿举例如下。

水沉积：

$$\frac{r_1(\text{石英})}{r_2(\text{磁铁矿})} = \frac{5.18 - 1.00}{2.65 - 1.00} \approx 2.53$$

风沉积：

$$\frac{r_1(\text{石英})}{r_2(\text{磁铁矿})} = \frac{5.18}{2.65} \approx 1.95$$

因此，

$$\text{水的} \frac{r_1(\text{石英})}{r_2(\text{磁铁矿})} > \text{风的} \frac{r_1(\text{石英})}{r_2(\text{磁铁矿})}$$

表 3-5 中给出了常见的各种矿物比值。

表 3-5　石英与相同滚动速度的重矿物半径比值表

重矿物	在水中的比值 [r_1(石英)/r_2(重矿物)]	在空气中的比值 [r_1(石英)/r_2(重矿物)]
磁铁矿	2.53	1.95
黄铁矿	2.39	1.87
石榴子石(铁铝榴石)	1.94	1.58
锆石	2.24	1.78
电气石	1.26	1.15

工作时可用常规方法进行重矿物分离，重矿物的粒度可在显微镜下测定，石英的粒度则用筛析或用显微镜分析求出。

Moiola 和 Weiser(1968)的资料表明，可以简单地用沉积物的平均直径-标准差散点图来区分河流砂及海岸沙丘砂，$\frac{1}{4}\phi$、$\frac{1}{2}\phi$ 及 1ϕ 资料均有效(图 3-45)，但在区分河流砂及内陆沙丘砂时也无效。

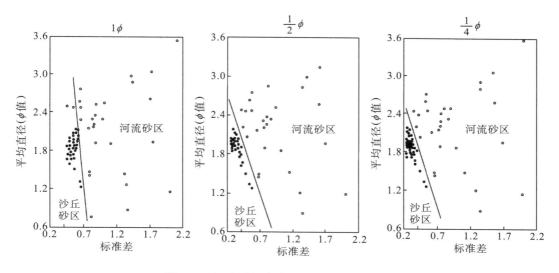

图 3-45　河流砂与海岸沙丘砂区分的散点图

五、利用米制粒度统计值区分环境

Buller 和 Memans（1972）认为上述各方法均是以 ϕ 粒级几何值为基础，而现有的粒度资料多属线性米制粒级的；同时等长的横坐标不代表等粒级变化的 ϕ 值，不那么容易理解。因此，他们开始探索被人们忽略了的米制粒级参数在区分沉积环境上的应用，发现各种环境的趋势线位置及斜率均不同，可以用来区分环境。

粒度参数，无论 ϕ 值粒级或米制粒级都有两种计算方法：算术方法和几何方法。米制粒级的粒度统计值如表 3-6 所示。

表 3-6　米制粒度统计值

算术值	几何值
中位数 M_d；四分位数（分选系数）$QD_a = (Q_3 - Q_1)/2$；偏度 $SK_a = (Q_3 + Q_1 - 2M_d)/2$	四分位差 $S_0 = (Q_3/Q_1)^{1/2}$；偏度 $SK_g = (Q_3Q_1/M_d^3)^{1/2}$

几何方法得出的是无维值，算术方法得出的是维值。例如，一个沉积物含 68% 的颗粒属 1.0mm 和 0.25mm 的粒度区间。若以算术值表示这个粒度区间，则应为 $1.0 - 0.25 = 0.75$（mm）；而以几何值表示则为 $1.0/0.25 = 4$。前者是维值，后者为无维值。近年来沉积岩石学家似乎更倾向于用几何值。

他们以米制粒级算术值 QD_a 对 SK_a 在双对数纸上作图，涉及 800 多个样品，发现各种环境线性趋势的位置和斜率存在区别，按下列顺序斜率依次降低：静水、河成、海滩和浅滩、风成（图 3-46）。

以 QD_a 对 M_d 作图时，则按下列顺序斜率依次降低：风成、河流、海滩和浅滩、静水（图 3-47）。静水可包括静海和湖成两部分，因为有的地区二者的线性趋势几乎一致。

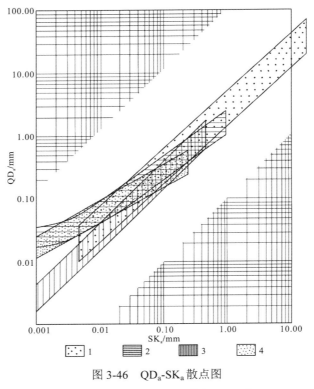

图 3-46　QD$_a$-SK$_a$散点图

1. 河流；2. 海滩和浅滩；3. 静水；4. 风成

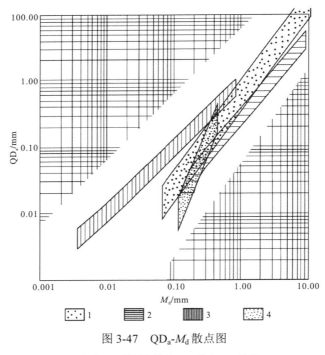

图 3-47　QD$_a$-M_d散点图

1. 河流；2. 海滩和浅滩；3. 静水；4. 风成

考虑到这两种图上超覆的地区很多，最好将两种图结合起来使用，而且散点图主要是了解资料点分布趋势的位置和斜率，而不是根据个别资料点确定环境，因此需要大量的中位数粒度区间宽的资料，虽然这种图不如 ϕ 几何值图那样资料点表现得很集中，但用来处理我国积累起来的钻井粒度资料是有意义的。这种资料很多，而且大部分是米制的。我们就曾将陕北侏罗系的米制粒度资料利用这种图来确定环境，结果发现，根据资料点趋势的位置和斜率定出的环境与其他分析的结果基本一致，进一步证明这种图解是可以利用的。

六、冰碛物的区分

Landim 和 Frakes(1968)用散点图法研究冰碛物与冲积扇、冰碛物与冰水沉积的区分问题，发现概括图解标准差(σ_I)-图解平均值(M_n)区分冰碛物与冲积扇最有效。冰碛物的分选性更差，同时图解平均值更细(图 3-48)。在使用此图解时须注意，冲积扇只基于一个分析者在一个地区的资料，当资料增加时，图形可能会有所变化。Landim 和 Frakes 在图上还画了几个古泥流的资料点，是落在冲积扇区内，说明此图还可以用于古代岩石的环境鉴定。

区分冰碛物与冰水沉积，以概括图解标准差(σ_I)-图解平均值(M_n)散点图最清楚(图3-49)，图解平均值-图解峰度散点图次之。在前一种图上可看出，冰碛物比冰水沉积的分选差，同时它的平均值趋向于更细(ϕ值更大)。当然冰水沉积的资料更多时，可能图的形式会有所变化，但冰水沉积的分选性更好，平均值更大，这是合理的。还可利用均值-峰度散点图，在这种图上冰碛物呈宽峰态而冰水沉积则为窄峰态。实际上在野外情况下，二者还可根据层理情况分开，冰水沉积是有层理的。

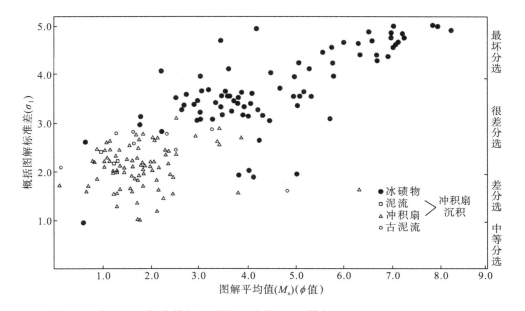

图 3-48 概括图解标准差(σ_I)-图解平均值(M_n)散点图区分冰碛物与冲积扇沉积

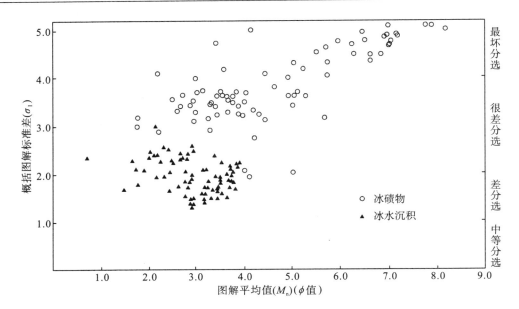

图 3-49　概括图解标准差（σ_{I}）-图解平均值（M_{n}）区分冰碛物与冰水沉积

区分冰水沉积和冲积扇沉积，可根据偏度-峰度散点图，这种图不如前述各图清楚，冰水沉积是负偏并且为极窄的峰态；冲积扇则为正偏及微窄的峰态。

第五节　判别分析在根据粒度资料区分环境上的应用

判别分析是一种多元统计分析，可用来寻找适当的统计值以判断不同的沉积作用和沉积环境。判别分析中最常用的是两组样品的多元线性判别函数。

假定有已知的两种环境的两组样品，每组样品都含同样的变量 x_k（$k=1,2,\cdots,P$），粒度分析中的变量一般为粒度参数 M_z、σ_i^2、$\mathrm{SK_I}$、K_G 等（Folk and Ward，1957），可构成判别函数：

$$y=\sum_{k=1}^{P}C_k x_k \tag{3-1}$$

式中，P 代表变量 x_k 的个数；x_k 为判别方程中的各系数。如果我们想了解一个未知样品（组）属于两种环境中的哪一种，只需将粒度参数代入判别方程，求出判别函数平均值 $\overline{y}_x$，当 $\overline{y}_x > y_c$（临界值）时属于第一种环境，当 $\overline{y}_x < y_c$ 时属于第二种环境。

如何求出这两种环境的判别方程，并且使判别临界值 y_c 分辨性能最好呢？据Fisher（1936）的研究，应该是两组（A,B）样品的判别函数平均值相差（$\overline{y}_A - \overline{y}_B$）越大越好。另外，每组内各样品的判别函数越接近越好，即方差总和：

$$\left[\sum_{i=1}^{n_A}(y_{Ai}-\overline{y}_A)^2 + \sum_{i=1}^{n_B}(y_{Bi}-\overline{y}_B)^2\right]$$

越小越好。

式中，i 为样品数；n_A 为第一组样品总数；n_B 为第二组样品总数。二者联合起来，即要求下式 I 值最大：

$$I = \frac{(\overline{y}_A - \overline{y}_B)}{\sum_{i=1}^{n_A}(y_{Ai} - \overline{y}_A)^2 + \sum_{i=1}^{n_B}(y_{Bi} - \overline{y}_B)^2} = \frac{Q}{F}$$

为了求极值，需分别求 I 对各 C_k 的偏微分，即

$$\frac{\partial I}{\partial C_k} = \frac{F\dfrac{\partial Q}{\partial C_k} - Q\dfrac{\partial F}{\partial C_k}}{F^2}$$

$$\frac{1}{I}\frac{\partial Q}{\partial C_k} = \frac{\partial F}{\partial C_k}$$

将 $y = \sum_{k=1}^{P} C_k x_k$ 代入并化简，最后得出：

$$C_1 S_{k1} + C_2 S_{k2} + \cdots + C_k S_{kk} + \cdots + C_P S_{kP} = \frac{C_1 S_{k1} + C_2 S_{k2} + \cdots + C_P S_{kP} d_k}{I}$$

式中，

$$S_{kk}(\text{自相关数}) = \sum_{i=1}^{n_A}(x_{Aki} - \overline{x}_{Ak})^2 + \sum_{i=1}^{n_B}(x_{Bki} - \overline{x}_{Bk})^2$$

$$S_{kl}(\text{互相关系数或交叉积}) = \sum_{i=1}^{n_A}\left[(x_{Aki} - \overline{x}_{Ak})(x_{Ali} - \overline{x}_{Al})\right] + \sum_{i=1}^{n_B}\left[(x_{Bki} - \overline{x}_{Bk})(x_{Bli} - \overline{x}_{Bl})\right]$$

$$d_k = \overline{x}_{Ak} - \overline{x}_{Bk}$$

令

$$\frac{C_1 d_1 + C_2 d_2 + \cdots + C_P d_P}{I} = \beta$$

则有

$$C_1 S_{k1} + C_2 S_{k2} + \cdots + C_p S_{kp} = \beta d_k \quad (k = 1, 2, \cdots, P)$$

上式是一个 P 阶线性代数方程组，式中 β 独立于 k，对 k 来说是常因子，对线性方程组的解起着共同扩大倍数的作用，不影响它的解 C_k 之间的相对比例关系，因此对判别函数无影响，故可令 $\beta = 1$，因此上面线性方程组可以变成下列形式：

$$\begin{cases} S_{11}C_1 + S_{12}C_2 + \cdots + S_{1P}C_P = \overline{x}_{A1} - \overline{x}_{B1} \\ S_{21}C_1 + S_{22}C_2 + \cdots + S_{2P}C_P = \overline{x}_{A2} - \overline{x}_{B2} \\ \qquad\qquad \cdots\cdots \\ S_{P1}C_1 + S_{P2}C_2 + \cdots + S_{PP}C_P = \overline{x}_{AP} - \overline{x}_{BP} \end{cases}$$

根据这个方程组很容易求出 $C_1, C_2, \cdots, C_P$ 并得到：

$$y = \sum_{k=1}^{P} C_k x_k, \quad \overline{y}_A = \sum_{k=1}^{P} C_k \overline{x}_{Ak}, \quad \overline{y}_B = \sum_{k=1}^{P} C_k \overline{x}_{Bk}$$

同时，还可计算判别函数的标准差：

$$S_A = \frac{\sum_{i=1}^{n_A}(y_{Ai} - \overline{y}_A)^2}{n_A} , \quad S_B = \frac{\sum_{i=1}^{n_B}(y_{Bi} - \overline{y}_B)^2}{n_B}$$

从而得出判别函数临界值:

$$y_{A:B} = \frac{S_A \overline{y}_A + S_B \overline{y}_B}{S_A + S_B} \tag{3-2}$$

对未知样品(或组)进行判别时,需先根据判别函数[式(3-1)]求出根,然后看 y_x 在 $y_{A:B}$ 哪一边,若在 $\overline{y}_A$ 一边则未知样品属第一种环境,反之属第二种环境。

判别函数是假设两样品来自不同的总体,若两组多元平均值在统计上差异不显著,判别就无效,因此需要检验这种假设是否成立。

显著性检验一般采用马哈拉诺比斯(Mahalanobis)统计值 D_P^2:

$$D_P^2 = \sum_{k=1}^{P} C_k d_k$$

多元平均值之间的差异显著性用下式检验:

$$F(p, n_A + n_B - p - 1) = \frac{n_A n_B (n_A + n_B - p - 1)}{(n_A + n_B)(n_A + n_B - 2)p} D_P^2$$

p、$n_A + n_B - p - 1$ 为自由度。当 $F > F_{0.05\&0.1}$ 的表值时,表明两组凹样品在指定的信度下有显著的差异。

每个变量占多元平均值间总距离的百分比可由下列式子计算:

$$D_k = \frac{C_k d_k}{D_P^2} \times 100\%$$

百分比小的变量在之后的计算中可以剔除,对判别函数无影响。

Sahu(1964)将判别分析用于粗碎屑沉积物,假定碎屑沉积物的粒度能反映介质的流动性(黏度)和沉积位置(环境)的能量情况。因此采样只限于砾石、砂、粉砂等碎屑物质,采样的环境包括浊流、三角洲、泛滥平原、河道、浅海(30ft 深)、沿岸(海滩)、风坪、风成沙丘等,大部分为沉积物样,只有浊流是岩石样。针对不同的沉积单位以等厚的间距取样,取样时尽量使取样的厚度单位小,以免采取不同环境的复合样,海滩和风成沙丘是按 25ft 的水平间距系统取样,风坪则按 80ft 水平间距取样。

样品大部分是用沉积筒法进行分析,少数用筛析法进行分析。样品统计值是用图解法求得,各粒度统计值的定义是根据 Folk 和 Ward(1957)的相关定义做出的,如表 3-7 所示。

表 3-7　样品统计值图解法涉及的公式

平均直径	标准差	偏度	峰度
$M_z = \dfrac{\phi_{16} + \phi_5 + \phi_{84}}{3}$	$\sigma_I = \dfrac{\phi_{84} - \phi_{16}}{4} + \dfrac{\phi_{95} - \phi_5}{6.6}$	$SK_1 = \dfrac{1}{2}\left(\dfrac{\phi_{84} - \phi_{16} - 2\phi_{50}}{\phi_{84} - \phi_{16}} + \dfrac{\phi_{95} - \phi_5 - 2\phi_{50}}{\phi_{95} - \phi_5}\right)$	$K_G = \dfrac{\phi_{95} - \phi_5}{2.44(\phi_{75} - \phi_{25})}$

得到以下各环境间的判别函数。

(1)风和海滩:

$$y_{风,海滩} = -3.5688M_z + 3.7016\sigma_I^2 - 2.0766SK_I + 3.1135K_G$$

未知样品组 $\bar{y}_x < -2.7411$，属风成；$\bar{y}_x > -2.7411$，属海滩。$D_P^2 = 1.3148$，显著性水平为 0.1%。风成作用函数平均值 $\bar{y}_风 = -3.0073$，标准差 $S_{(风)} = 0.519$，海滩的 $\bar{y}_{海滩} = -1.7824$，$S_{(海滩)} = 1.397$。

(2) 海滩和动荡的浅海：

$$y_{海滩,浅海} = 15.6534M_z + 65.7091\sigma_I^2 + 18.1071SK_I + 18.5043K_G$$

未知样品组 $\bar{y}_x < 65.3650$，属海滩；$\bar{y}_x > 65.3650$，属浅海。$D_P^2 = 52.8000$，显著性水平为 0.1%。$\bar{y}_{海滩} = 51.9536$，$S_{(海滩)} = 4.869$，$\bar{y}_{浅海} = 104.7536$，$S_{(浅海)} = 14300$。

(3) 浅海和冲积 (样品主要取自三角洲，同时使用了部分河流相的文献资料)：

$$y_{浅海,冲积} = 0.2852M_z - 8.7064\sigma_I^2 - 4.89321SK_I + 0.0482K_G$$

未知样品组 $\bar{y}_x < -74190$，属于冲积 (三角洲)；$\bar{y}_x > -74190$，属浅海。$D_P^2 = 5.1251$，显著性水平为 0.1%。$\bar{y}_{浅海} = -5.3167$，$S_{(浅海)} = 2.190$，$\bar{y}_{冲积} = -10.4418$，$S_{(冲积)} = 3.149$。

(4) 冲积和浊流：

$$y_{冲积,浊流} = 0.7215M_z - 0.40301\sigma_I^2 + 6.7322SK_I + 5.2927K_G$$

未知样品组 $\bar{y}_x < 9.8433$，属浊流；$\bar{y}_x > 9.8433$，属冲积。$D_P^2 = 2.7325$，显著性水平为 1%。$\bar{y}_{冲积} = 10.7115$，$S_{(冲积)} = 1.197$，$\bar{y}_{浊流} = 7.9791$，$S_{(浊流)} = 2.570$。

以 $\sqrt{\sigma_I^2}$ 对 $\left(\dfrac{SK_G}{SM_2} \cdot S\sigma_I^2\right)$ 在对数坐标纸上作图表现得最清楚 (图 3-50) 并可大致分界，同时在图上也表示了能量及流动性下降的方向。

Moiola 和 Weiser (1969) 也证明粒度的线性判别分析在 1ϕ 资料中区分当代海滩、沙丘和河流方面比 $\dfrac{1}{4}\phi$ 资料更可靠和有效。

Landim 和 Frakes (1968) 求出了冰碛物及冰水沉积、冰碛物及冲积扇沉积的判别方程，由于他们使用的冲积扇及冰水沉积的资料只是一个地区的，因此其普遍性还待继续证实，但他们得出的结果是合理的，下面作简要介绍。

(1) 冰碛物和冲积扇：

$$y_{冰碛物,冲积扇} = 0.00405M_z - 0.2381\sigma_I - 0.05616SK_I + 0.10365K_G$$

未知样品组 $\bar{y}_x < 0.12809$，属冲积扇；$\bar{y}_x > 0.12809$，属冰碛物。$D_P^2 = 10.08129$，显著性水平为 0.1%。$\bar{y}_{冲积扇} = 0.10225$，$S_{(冲积扇)} = 0.01317$，$\bar{y}_{冰碛物} = 0.16121$，$S_{(冰碛物)} = 0.02312$。有 12% 的样品重叠互相过渡。

(2) 冰碛物与冰水沉积：

$$y_{冰碛物,冰水沉积} = -0.00256M_z + 0.03501\sigma_I + 0.2578SK_I - 0.01549K_G$$

未知样品组 $\bar{y}_x < 0.8133$，属冰水沉积；$\bar{y}_x > 0.8133$，属冰碛物。$D_P^2 = 10.94437$，显著性水平为 0.1%。$\bar{y}_{冰水沉积} = 0.04836$，$S_{(冰水沉积)} = 0.01326$，$\bar{y}_{冰碛物} = 0.11429$，$S_{(冰碛物)} = 0.2509$。有 51% 的点重叠过渡，但如剔除 Udden (1914) 的 4 个样品资料，则只有 11% 的点重叠。

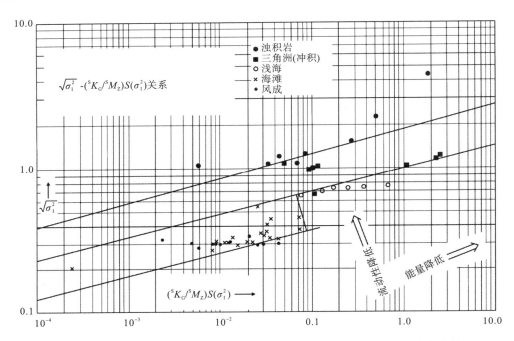

图 3-50　全部样品平均方差的平方根(纵坐标)与峰度标准差和平均粒度标准差
之比再乘以全部样品方差的标准差(横坐标)所得乘积的关系图

注：在几种参数联合图中，只有这种联合图可得出最清楚的环境划分

根据所计算的判别指数来看，具有高的显著性判别，因此是可以利用的。

Davies 和 Ethridge(1975)鉴于砂岩碎屑受环境的影响很大，认为可以根据不同种类碎屑的相对含量和粒度来反映环境。盆地内任一环境的差异都可以引起沉积成分的变化，但是这种变化并非独立的，而是与结构的变化密切相关。因此，他们在全新世及古代沉积中选择了 600 个不同粒度的各种环境(包括堰岛综合体、河流冲积谷及三角洲等)做二元回归分析及多组判别分析，发现对中和高能环境(即较粗粒的沉积)判别有效，碎屑沉积物的成分和结构对区分环境是灵敏的。为了使所选样品的成分和粒度变化是真正的环境变化因素引起的，规定了严格的抽样限制。

(1)必须是短的地质时间段内的沉积物，这样可以减小构造格局、气候等因素在时间上的变化影响。

(2)整个抽样区内，沉积物必须来自单一源区。

(3)这些地层内必须有不同沉积环境的代表，而且都能采到样，并具有明确的环境资料，以便能在广泛的环境格局内评估成分和结构的变化。

(4)地区和岩石的构造变形必须了解清楚，并且变形是很小的，以免将区域构造影响误认为是环境因素。

(5)成岩作用对碎屑矿物的原生成分或结构没有重要的影响。

按这样的规定抽样才能正确地评估碎屑矿物的成分和结构变化在区分沉积环境上的作用。

采用薄片鉴定法，因为只有从薄片上才能得到碎屑成分的含量及粒度的资料，并能看出成岩作用的影响。沉积物分析方法步骤如下。

(1) 根据野外工作建立或检查已建立的沉积环境。

(2) 测定和记录剖面，采集样品。

(3) 切片，如系疏松样可先注胶；切片方位最好垂直于层理。

(4) 每个样品应测定：①石英颗粒视长径的粒度；②点计法测定所有组分，包括石英、长石、云母、岩屑、基质、副矿物，有时还要测定其他组分以及胶结物；③确定每种矿物的统计分布；④计算所需成分和粒度的统计值（平均值、标准差）。

为了发现源区的变化，可对样品做常规的重矿物分析。重矿物抽样限于一个粒度区间内，即 $50\sim100\mu m$。这样做可以减小因粒度不同而造成的重矿物含量变化的影响。

基质（粒度小于 0.03mm 部分）是一个研究环境变化的重要考虑因素，测定后，一方面可以很容易看出它对总资料的影响，另一方面如果需要也可以剔除。

Davies 和 Ethridge(1975) 在数据分析中采用了 King(1969) 提出的判别函数系数，并对线性判别函数做了经验的解释，即用系数的大小来表示在判别分类上每个变量的相对重要性。同时还用逐步判别函数法来检验判别分类上各变量的相对重要性。此外，他们还使用了回归分析法来评估粒度-成分-沉积环境的相互关系，所有数据都作出了最佳拟合曲线。关于数学处理方法，因篇幅所限，读者可参考 Cooley 和 Lohnes(1962) 及 King(1969) 的著作，下面简要介绍他们的成果。

(1) 全新世加尔沃斯顿堰岛综合体为很细粒（3.17ϕ，0.11mm）、石英质（石英含量达 63.3%）的沉积物。在石英粒度平均值-石英含量图（图 3-51）上可以大致地划分环境。潟湖

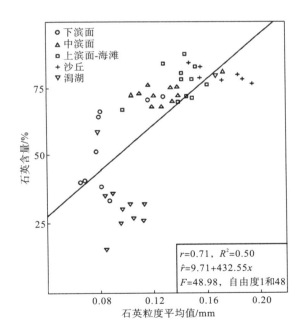

图 3-51　加尔沃斯顿堰岛综合体石英粒度平均值-石英含量图

注：r 为相关系数；R^2 为决定系数；$\hat{r}$ 为回归方程；F 为 F 检验值

的砂较下滨面沉积所含的石英少些，但石英粒度平均值则类似(0.08mm)；中滨面比下滨面的沉积物含更多的石英，并且粒度更粗；海滩和沙丘的石英含量差不多一样(分别为78%和80%)，但石英粒度平均值稍有不同。

　　五个成分(石英、长石、岩屑、基质、副矿物)及两个粒度参数(石英粒度平均值和粒度标准差)变量的判别函数分析，可以分辨综合体内的五种环境：①下滨面；②中滨面；③上滨面-海滩；④沙丘；⑤潟湖。图3-52表示出了前两个判别函数与每个样品的关系，在这个图中可以看出，五个环境中有四个可以可靠地分开，沙丘和海滩的样品点位于同一区，只根据岩石学资料是不能区分的。在图3-53中用判别函数1和3做了尽可能的区分。七个变量在判别上的相对重要性列于表3-8中，相关值越接近1.0或-1.0，判别越有效。在图3-52中沿判别函数1，石英、岩屑含量高的样品投在零点的右边，而基质含量高时，趋向于投在左边。沿判别函数2，较高的基质含量则投在图的上方。这些判别分析得到的不同类别的范畴，是由各变量的含量平均值给出的(表3-9)。

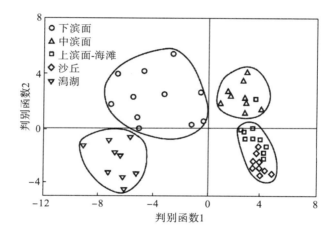

图 3-52　堰岛综合体多组判别函数分析

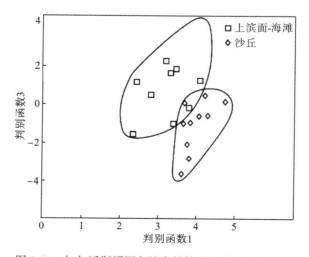

图 3-53　加尔沃斯顿堰岛综合体的多组判别函数分析

表 3-8　变量与判别函数间的相关值（得克萨斯堰岛综合体）

判别函数	石英	长石	岩屑	基质	副矿物和胶结物	石英粒度平均值	粒度标准差
判别函数 1	0.93	0.67	0.83	-0.95	0.07	-0.90	-0.90
判别函数 2	0.13	0.10	0.44	-0.22	0.17	0.41	0.03
判别函数 3	-0.24	-0.43	0.26	0.13	0.37	-0.06	-0.15

注：表中数值均为判别函数计算值。

表 3-9　加尔沃斯顿堰岛综合体全新统沉积物的成分和结构

项目	石英含量/%	长石含量/%	岩屑含量/%	基质含量/%	副矿物（混入介壳）含量/%	石英粒度平均值	石英粒度标准差
上滨面	54.6	3.5	7.5	32.8	1.5	3.7(0.08mm)	0.73
中滨面	72.2	5.5	17.6	1.8	2.9	3.08(0.12mm)	0.44
下滨面	78.0	4.1	15.8	0	2.3	2.86(0.14mm)	0.40
沙丘	80.1	6.8	11.8	0	1.3	2.63(0.16mm)	0.42
潟湖	31.7	0.7	1.9	63.8	1.9	5.57(0.08mm)	0.78
总平均值	63.3	4.1	10.9	19.7	2.0	3.17(0.11mm)	0.55
总标准差	20.3	2.9	6.5	27.6	2.0	0.46	0.19

注：此表是根据 5 个环境中的 50 个样品的岩石学分析结果制作的。

对上述回归分析、判别分析结果所做的解释，主要认为是由不同搬运作用——牵引、跳跃、悬浮造成的，各种作用的不同联合方式构成了不同的粒度分布，随之引起成分上的差异，如潟湖沉积物的特征是含大量悬浮作用的细粒（基质）物质及在偶然的暴风雨中引入的少量跳跃和牵引作用的较粗粒物质。下滨面则以悬浮和跳跃的粉砂质黏土和砂的互层为特征，因为上述的环境中有悬浮和跳跃的混合作用，故其沉积物比堰岛的其他环境分选性差些。此外，中滨面的特点是水深减小、能量增高，因此是以跳跃和牵引为主，只有少量悬浮的粒度分布，沉积物特征是基质含量少些，但石英、长石、岩屑比以上两个环境含量更大，并且石英粒度平均值较大。最后，上滨面-海滩环境中可以判断出跳跃总体是由冲刷和回流的两段组成，沉积物完全不含基质，说明悬浮搬运几乎不存在。当搬入的是较粗粒物质时，可以是牵引形成的。在上滨面-海滩环境的能量状况下，可破坏某些矿物，只留下物理稳定性高的矿物，因此上滨面-海滩较中滨面所含稳定性差的岩屑要少些，风搬运的沙丘中跳跃作用很重要，只含少量悬浮引入物质。尽管沙丘和上滨面-海滩的搬运机制有明显的区别，但在图 3-52 中的判别无效。图 3-53 中只是尽可能地划分，划分的根据是，由滨面-海滩的样品较之相当的沙丘样品含更少的长石，并且副矿物含量较高。有学者在另外一些地区还观察到，从海滩至沙丘，钙质碳酸盐的含量降低，可能是由于粒度分选使海滩上留下较粗（主要是碳酸盐）物质，以及在沙丘中碳酸盐受到淋滤而流失。

（2）全新世密西西比河下冲积谷沉积物及三角洲沉积物。两种沉积物主要都属粉砂级，且含大量基质。对两种沉积物如前述一样都作了石英粒度-石英含量图（图 3-54、图 3-55），冲积岩的最佳拟合曲线为二阶多项式曲线,三角洲则为线性拟合曲线。从这两张图上可以看出,前者可以大致得出一些环境的区别,后者则不能很好地划分,各种环境都有一定的交叉。多组判别分析表明,冲积岩沉积物可以划分出点沙坝、天然堤-填塞河道-湖及后沼泽(图 3-56)三类;三角洲沉积物则只能大概地划分出海侵海滩、天然堤-填塞河道-三角洲前缘及前三角洲三类,而且三类都有重叠(图 3-57)。不同环境有重大变化的变量,即线性判别函数的变量两种沉积物相同,都包括石英、长石、岩屑、基质和石英粒度。

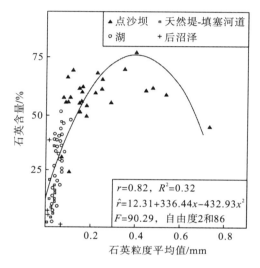

图 3-54 密西西比下冲积谷的石英粒度平均值-石英含量图(曲线为二阶多项式曲线)

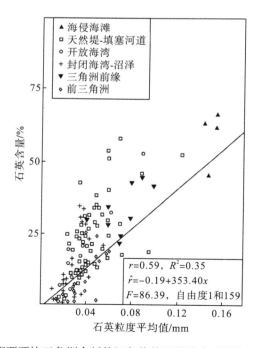

图 3-55 密西西比三角洲全新统沉积物的石英粒度平均值-石英含量图

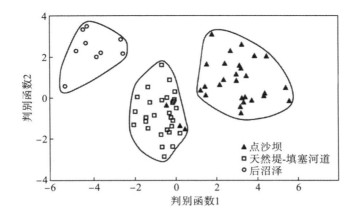

图 3-56　密西西比三角洲多组判别函数分析——轴 1 和轴 2(一)

注：在中间区内的湖相样品点省略了

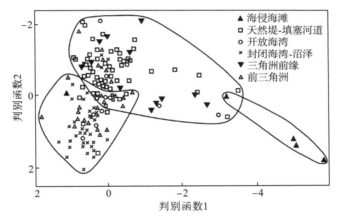

图 3-57　密西西比三角洲多组判别函数分析——轴 1 和轴 2(二)

从上述对三种全新世沉积物所做的分析来看，加尔沃斯顿堰岛综合体最有效，冲积物次之，三角洲最不理想。Davies 和 Ethridge(1975)认为，这种区分环境有效性的不同，主要受沉积物的粒度控制。密西西比三角洲属低能量的(即粒度细的)体系，加上密西西比河带来的是大量细粒沉积物，故各种环境的选择分选机制很弱，以致不能构成重要的环境差异。三角洲有大于 91%的石英颗粒属砂-粉砂级界线以下(图 3-58)，冲积谷则粗一些，只有 61%的石英颗粒落在砂-粉砂级界线以下，而堰岛沉积物的砂含量高，约 96%的石英颗粒在砂-粉砂级界线以上。这个资料表明，对以中或高能为特征的沉积体系区分环境最有效。因此，那些比密西西比三角洲能量高的三角洲体系，仍然可以用岩石学资料来有效地划分沉积环境。

(3)古代沉积物。Davies 和 Ethridge(1975)做了四个古代沉积物的分析：①威尔科克斯(始新统)河流沉积岩；②威尔科克斯(始新统)三角洲沉积岩；③英格兰(下侏罗统)托阿尔海相沉积岩；④泡德河(Powder River)盆地(下白垩统)海相和非海相的泥质砂岩。用回

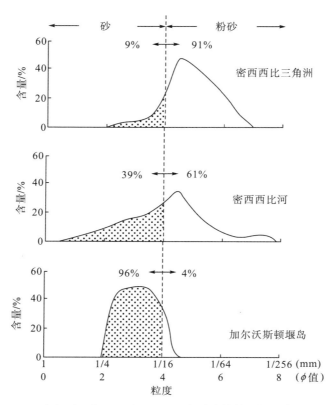

图 3-58　全新世三角洲、冲积谷和堰岛综合体样品的粒度分布曲线

归分析和判别分析划分环境的效果都是非常理想的。以前三个地区为例，威尔科克斯冲积沉积岩是细粒的及富含基质的，并含重要比例的副矿物和胶结物，石英粒度平均值-含量关系[图 3-59(a)]曲线是一个二阶多项式曲线，可以大致区分点沙坝和天然堤沉积。判别分析只有判别函数 1 对环境起重要的判别作用[图 3-59(b)]。29 个样品中只有两个不能正确地划分。变量和判别函数间的相关值表明，根据石英、基质和石英粒度平均值可以将点沙坝与天然堤-洪水平原沉积物分开。威尔科克斯三角洲沉积岩则含大量粉砂级颗粒（4.34～0.05mm），石英含量少（19%）且富含基质（52.6%），副矿物和胶结物占总成分的比例也较大。

它的石英粒度和含量二元图线性相关，可以区分一些环境[图 3-59(c)]。它的判别函数分析（五个成分变量及两个结构变量）能成功地划分出三个环境群[图 3-59(d)]。沿判别函数 1，石英、长石和粒度可以将三角洲前缘从其他环境中区分开来。沿判别函数 2，副矿物和胶结物能区分三角洲与封闭海湾-沼泽环境。下侏罗统托阿尔海相沉积岩主要属粉砂粒级（0.06mm），并且含两种主要成分，即石英（54.2%）和基质（37.9%），岩屑只含痕量。石英粒度和含量二元图容易区分单个的环境[图 3-59(e)]，而五个成分和两个结构参数的判别函数分析表明对区分环境是灵敏的，所有的环境都可以分开[图 3-59(f)]。不同环境有重大变化的变量包括石英和基质，这三种环境中的粒度和含量也都与不同的沉积物搬运作用（牵引、跳跃、悬浮）有关，这里不再详述。

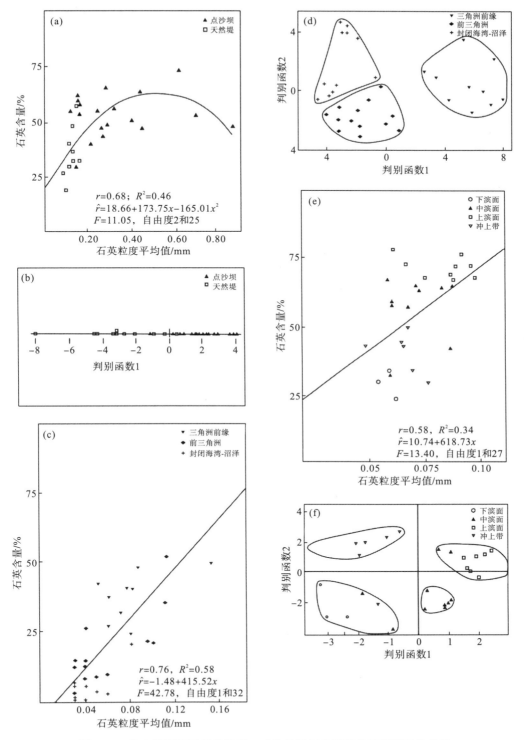

图 3-59　各古代沉积层序的粒度、成分的回归分析和多重判别函数分析

(a)威尔科克斯冲积平原(始新统)的石英粒度平均值-石英含量图(曲线为二阶多项式曲线); (b)与图(a)同地区、同环境的判别函数分析; (c)威尔科克斯冲积平原(始新统)的石英粒度平均值-石英含量图; (d)与图(c)同地区、同环境的判别函数分析; (e)英格兰下侏罗统托阿尔海相环境的石英粒度-石英含量图; (f)与图(e)同地区、同环境的多组判别函数分析图, 图例同图(e)

　　最后利用 Davies 和 Ethridge 分析的泡德河盆地下白垩统砂岩层的海相及非海相地层，对这样一个多环境的地层，处理结果是相当准确的。根据岩心及剖面的沉积结构构造分析，该泥质砂岩已经识别出四种环境：①冲积；②三角洲（建设型）；③海侵沙坝（三角洲破坏型）；④海-堰岛综合体，共取样 224 个。其岩石属细砂级（0.14mm），石英（52.2%）和基质（35.2%）是主要的组分。全部样品的石英粒度平均值-石英含量图（图 3-60）不能划分环境，各环境的样品相当分散。然而可以用此二元图划分出海相（海-堰岛综合体和三角洲破坏型）与非海相（冲积和三角洲建设型）的样品（图 3-61）。

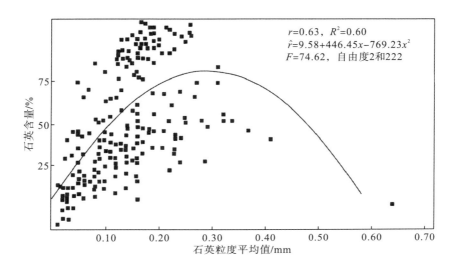

图 3-60　西北泡德河盆地下白垩统泥质砂岩的石英粒度-石英含量图（曲线为二阶多项式曲线）

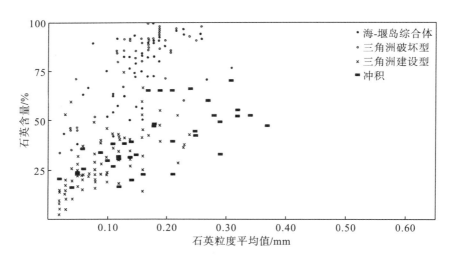

图 3-61　蒙大拿州和怀俄明州白垩系泥质砂岩个别环境的石英粒度平均值-石英含量图

　　同时，若按环境将资料分开并作石英粒度平均值-石英含量图（图 3-62），则得出和前面所举古代、当代沉积物例子一样的相关关系，并且所处的粒度也和前面的例子相似。

五个成分和两个结构参数的判别函数分析表明，用海-河-三角洲建设型进行环境分辨时，石英、基质、岩屑是灵敏的变量。在此分析中，100%的海相样品成功地从冲积-三角洲样品中分辨出来（图3-63）。

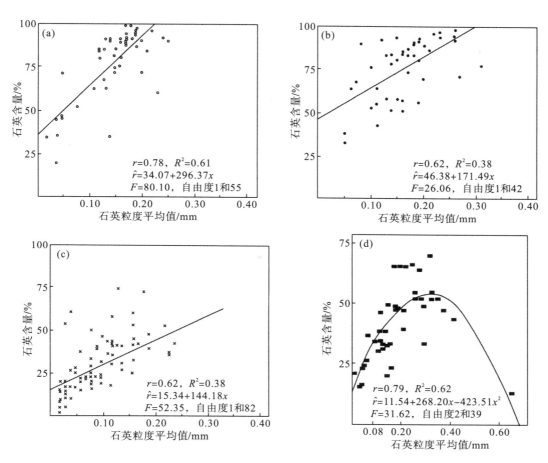

图3-62　蒙大拿州和怀俄明州下白垩统泥质砂岩不同环境的石英粒度平均值-石英含量回归分析

(a)海-堰岛综合体；(b)三角洲破坏型；(c)三角洲建设型；(d)冲积

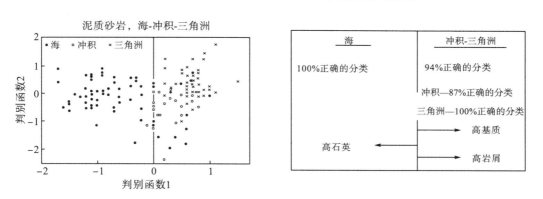

图3-63　泥质砂岩的多组判别函数分析(海-冲积-三角洲)

三角洲(建设型)对海侵沙坝(三角洲破坏型)的判别函数分析表明,判别函数 1 上的重要判别变量是石英和基质，作出的图如图 3-64 所示。海-堰岛综合体对海侵沙坝(三角洲破坏型)的判别函数分析也是判别函数 1 有效,其判别灵敏的变量是岩屑(图 3-64),注意图 3-64 和图 3-65 都是判别函数 1 有效,画出纵坐标只是为了作图方便,如只画一个判别函数,则各点将会重叠在轴 1 上。

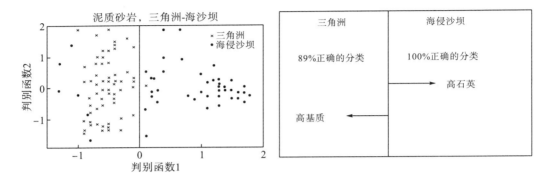

图 3-64　泥质砂岩的多组判别函数分析［三角洲(建设型)-海浸沙坝(三角洲破坏型)］

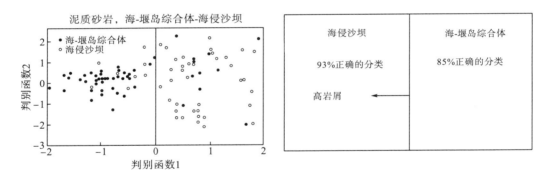

图 3-65　泥质砂岩的多组判别函数分析［海-堰岛综合体-海侵沙坝(三角洲破坏型)］

根据上述情况可以看出,对环境的划分是比较准确的。同时本方法的优点是,特别适合石油的普查和勘探工作,用井壁取心及岩屑样即可磨制薄片,不像沉积构造及某些结构分析那样,需要大块的样品,至少是连续的岩心或露头样品。取心的成本是高昂的,有些深钻也不可能完全做到,而露头的出露情况也受极大的限制。鉴于我国不少的实验室已经积累了相当多的沉积岩成分和结构的资料,本方法对岩相分析工作就显得十分有价值,可以充分加以利用。

第六节　因素分析在粒度研究上的应用

因素分析也是一种多元统计分析,它能从大量的观测数据中找出支配这些观测数据的诸因素中的主要因素及因素之间的相互关系，并将这些观测数据变成简单而明证的类型。因素分析的优点如下：①可以利用全部的粒度资料；②不必用任何粒度参数，因此比较客观；③用因素分析确定可能的类型图时，不需要任何预先的环境和地理知识，即可以起到相图的作用。

　　因素分析是一种矢量分析。工作的第一步是将粒度分析资料排成一个表，表的行代表样品；列代表变量，即各粒度样品的含量(表3-10)。任一行的所有数字，表示那一行所代表样品的粒度分布。这样，构成了一个 N 个样品 n 种粒级的 $N \times n$ 矩阵，其中任一元素的符号是 x_{ij}，代表第 i 个样品、第 j 个变量($i=1,2,\cdots,N; j=1,2,\cdots,N$)。有时不以各粒度样品含量为变量，而是以各种粒度参数为变量(Visher，1965)。

表 3-10　各粒度样品的含量

样品号	不同粒度(不同 ϕ 值粒级)样品的含量/%									
	1～2	2～3	3～4	4～5	5～6	6～7	7～8	8～9	9～10	>10
1	0.6	70.2	29.2	0	0	0	0	0	0	0
2	1.0	69.9	29.1	0	0	0	0	0	0	0
3	0.8	73.7	25.5	0	0	0	0	0	0	0
4	0.9	75.3	23.8	0	0	0	0	0	0	0
5	0.6	62.5	36.9	0	0	0	0	0	0	0
6	1.1	68.8	30.1	0	0	0	0	0	0	0
7	0.6	5.9	33.6	24.9	9.4	7.8	5.5	5.4	4.4	3.1
8	1.0	2.3	6.6	16.2	12.0	11.4	13.3	11.0	7.5	18.7
9	1.2	1.6	15.3	38.4	13.0	9.5	5.6	5.3	4.2	5.9
10	9.5	15.8	59.0	8.4	0.9	0.9	1.4	2.3	1.8	0
11	0.4	3.9	45.2	24.7	3.7	8.1	2.0	3.8	3.0	4.2
12	5.6	48.4	42.7	3.3	0	0	0	0	0	0
13	6.3	7.5	25.4	17.2	9.5	6.7	27.4	0	0	0
14	1.1	16.3	58.7	11.9	9.1	0.7	2.7	1.7	1.4	2.4
15	0	13.8	39.3	15.4	9.1	4.5	0.4	4.4	3.6	3.5
16	2.3	7.9	23.9	25.5	9.2	7.9	7.7	5.8	4.6	1.2
17	3.0	6.2	30.7	25.7	9.5	7.5	6.4	4.1	3.2	3.7
19	1.0	3.1	15.2	32.0	14.3	10.0	7.2	6.0	4.8	6.4
20	3.2	3.9	10.5	24.1	14.2	15.4	13.5	7.7	5.1	2.4
21	2.4	14.5	53.9	12.2	5.5	1.6	2.5	2.0	1.6	3.6
22	2.2	38.8	42.2	7.9	1.4	1.8	1.0	1.1	1.0	2.6
23	0	11.5	28.4	19.1	7.3	7.8	4.6	8.4	6.7	6.0
24	2.7	7.4	48.5	19.1	5.3	3.8	3.6	3.6	2.4	3.6
26	1.7	6.6	41.3	16.4	5.6	6.5	6.6	4.6	3.6	6.3
28	1.7	30.4	44.5	11.2	3.0	1.9	2.9	1.5	1.2	1.7
29	4.6	19.2	31.7	16.8	6.4	5.2	5.2	3.7	2.9	3.3
30	0	12.9	43.2	21.2	6.5	6.8	2.4	3.8	1.8	1.4
31	0	40.0	32.3	3.8	4.5	6.5	2.7	4.7	3.2	2.1
32	0.8	7.0	31.6	21.1	10.2	9.0	6.3	4.1	3.2	6.7

样品号	不同粒度(不同 ϕ 值粒级)样品的含量/%									
	1~2	2~3	3~4	4~5	5~6	6~7	7~8	8~9	9~10	>10
38	0	3.4	19.7	25.4	15.7	12.0	9.9	6.9	3.7	5.1
42	1.5	32.2	36.5	12.5	5.1	6.7	5.5	0	0	0
43	4.4	8.1	8.9	19.3	12.0	11.4	10.8	8.1	5.9	10.5
44	0.5	2.6	7.2	30.0	14.9	12.9	11.2	7.8	6.5	6.4
45	1.4	1.9	14.4	40.2	8.5	8.4	7.1	6.6	5.2	6.3
47	0.7	8.2	27.3	32.7	7.7	5.6	4.6	4.4	4.0	4.8
48	0.4	3.5	18.8	29.5	11.2	10.4	7.5	6.8	4.4	7.5
49	0.3	15.6	54.1	21.3	4.1	2.6	2.0	0	0	0
50	0.3	24.4	56.0	15.1	4.2	0	0	0	0	0
51	10.5	29.2	37.7	15.1	4.2	3.7	0	0	0	0
52	0.3	13.3	63.5	14.2	4.0	3.4	1.3	0	0	0
53	1.2	26.9	54.7	11.0	3.9	2.3	0	0	0	0
54	0.9	20.4	47.3	17.7	3.3	2.0	3.9	1.6	1.0	1.7
55	0.4	18.0	49.5	12.4	3.3	3.9	4.9	2.7	1.2	3.7
56	0.5	4.1	9.8	27.9	13.5	13.5	7.4	8.3	7.6	7.4
57	0.5	35.6	50.1	7.8	3.9	2.1	0	0	0	0
60	1.9	32.5	43.5	11.8	4.0	2.5	1.5	2.3	0	0
61	1.9	11.5	49.5	22.4	5.7	4.5	2.0	2.5	0	0
62	1.0	13.1	33.7	18.3	6.1	5.0	7.7	5.3	5.1	4.7
65	0.7	13.3	53.2	17.2	5.6	5.0	0	0	0	0
70	0.7	2.3	5.2	23.2	19.4	14.1	10.1	10.0	8.7	6.3
72	1.1	36.1	58.4	4.4	0	0	0	0	0	0
73	0.2	21.8	72.8	5.2	0	0	0	0	0	0
75	0	18.9	34.4	18.3	6.6	5.6	5.1	3.9	3.2	4.0
79	0.3	13.6	43.9	20.1	7.2	4.8	9.5	0	0	0
80	0.3	7.4	77.4	9.4	5.5	0	0	0	0	0
82	2.9	15.5	37.0	30.3	5.1	1.9	2.2	5.1	0	0
83	0.8	10.2	79.2	9.8	0	0	0	0	0	0
84	1.0	16.3	73.8	8.9	0	0	0	0	0	0
85	1.8	35.7	61.9	0.6	0	0	0	0	0	0
86	0.9	11.2	39.7	26.8	5.0	3.7	4.6	2.6	1.8	3.9
87	1.6	10.4	43.9	19.4	4.4	3.3	4.3	2.3	5.3	5.1
88	0	9.5	50.3	16.7	4.9	3.3	6.2	3.7	1.0	4.4
89	4.4	11.0	43.2	21.8	7.1	6.4	6.1	0	0	0
91	1.3	7.2	45.2	27.8	12.0	6.5	0	0	0	0
93	8.6	28.4	26.0	22.5	4.8	5.2	4.5	0	0	0
94	2.5	17.8	40.3	20.1	4.3	2.5	3.5	3.0	2.5	3.5
95	0.4	5.9	56.5	18.9	2.6	2.3	3.2	1.8	2.6	5.8
96	6.3	17.1	42.4	17.9	9.0	7.3	0	0	0	0
97	2.1	16.7	39.6	17.7	8.3	8.3	7.3	0	0	0

注：18 号样品的数据未列入表中；由于测量误差与数值修约，部分样品的各粒度分项含量加和存在不等于 100% 的情况。

因素分析法又可分 Q 型及 R 型两种，粒度研究中多使用 Q 型，也称为主因素分析法。它是以变量为坐标轴，样品作为 n 维空间中的矢量，若一个样品筛析成十个粒级，则每一粒级样品的含量代表一个分量，每个样品都是由其粒级的 10 个分散组成的矢量所代表。矢量位置确定后即可计算各矢量之间的夹角余弦值，以了解各样品间的相似性。公式为

$$\cos\theta_{kl} = \frac{\sum_{j=1}^{n}(x_{kj})(x_{lj})}{\sqrt{\sum_{j=1}^{n}(x_{kj})^2 \sum_{j=1}^{n}(x_{lj})^2}}$$

若两个样品 (k, l) 的余弦值是 1.0，夹角为 0°，则两个样品的矢量共线，表明两个样品完全相似；相反，如余弦值是 0，则矢量相离 90°，两个样品完全不同。这样，作出一个所有样品之间的相似性表，称为 $\cos\theta$ 矩阵。

因素分析就是确定可以说明相似性表内大部分数据所需的最少独立变量数，是在多维空间竖立互相正交的轴，而且要求第一轴能说明 $\cos\theta$ 矩阵内的大部分数据，第二轴能说明其余数据的大部分。在数学上，这就是按顺序计算 $\cos\theta$ 相关矩阵的特征值 λ 和对应的特征矢量 U。关于 λ 和 U 的求法，可参考一般线性代数教科书。理论上可求出 N 个 λ 值，但通常有意义的是最大的 M 个 λ 值，$M<<N$。按大小依次排列 λ 值，使 $\lambda_1 > \lambda_2 > \cdots > \lambda_m$，这些最小独立变量数 M 所代表的正交轴即称为因素轴。λ_1、λ_2、$\cdots$、λ_m 所代表的地质意义称为第一个主因素 (F_1)、第二个主因素 (F_2)、$\cdots$、第 M 个主因素 (F_M)（以下简称因素）。λ 值的大小代表各因素的方差在总方差中所占大小，即方差贡献，而且要求 F_k 在总方差中占的比例最大。这样，样品就可用 M 个因素的线性数学模型来代表：

$$x_i = A_{i1}F_1 + A_{i2}F_2 + \cdots + A_{iP}F_P + \cdots + A_{iM}F_M$$

式中，i 为样品数，$i = 1, 2, \cdots, N$；P 为因素数，$P = 1, 2, \cdots, M$；A_{iP} 为各因素的系数，它表明第 i 个样品第 P 个因素 (F_P) 所占的比重，又称为权系数，即因素载荷。这时的问题可归结为求权系数。而权系数 A_{iP} 与特征值 λ_P 及特征矢量 U_P 具有下列关系：

$$A_{iP} = U_{iP}\sqrt{\lambda_P}, \quad i = 1, 2, \cdots, N$$

根据公式即可求出各因素的系数 A_{iP}。至于 M 的大小，可根据实际情况决定，一般取 3～6。

根据各因素的系数值可找出端元样品，如第一因素。F_1 的系数为 $A_{11}, A_{21}, \cdots, A_{N1}$，其中最大的系数假定是 A_{i1}，则第 i 块样品就是 F_1 的端元样品，通过对端元样品的研究，可认识 F_1 的地质作用并进行地质解释。依次再求出 F_2、$\cdots$、F_M 各因素的端元样品。端元样品以外的其他样品被认为是这几个端元样品的不同比例的混合样。

通过以上流程求出的最初因素，往往在数学上有意义，而在地质上难以解释，为了使样品的矢量位置安排得合理，常用方差极大法旋转因素轴（图 3-66）（Kaiser，1959）。理论的正交轴 A_1、A_2 旋转成 B_1、B_2，虽仍属正交轴，但其位置安排更合理。样品矢量与旋转后的因素轴的关系，以矢量向轴投影的方法来决定，这种投影旋转后的因素载荷的大小表明该因素轴控制每个样品矢量的程度。最后，列出各样品因素载荷的矩阵。一个样品各因素载荷的平方和叫作公共因素方差，该方差的大小反映因素轴能解释此样品的程度。但

这种旋转法仍存在两个缺点：第一个缺点，轴的选择是根据安排最合理的原则，当有别的样品插进资料矩阵时，就可能影响这种合理性；第二个缺点，这种安排不一定有实际的地质意义。斜的参考矢量可以消除这两个缺点(图 3-66)。矢量 x_p 和 x_i 被斜分解到末端真正的样品矢量 C_q 和 C_r 上，这两个末端矢量取为参考矢量。这样，不仅这些端元成分是已知的，而且它们的地质背景资料都可以利用。另外，插入的资料只在位置更属末端时才对其有影响。因此，这种斜参考矢量分析法在相当程度上可以与地质解释一致。

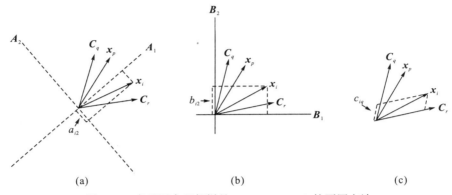

图 3-66　表示四个理想样品 C_q、x_p、x_i、C_r 的不同方法

(a)最初的正交因素轴；(b)正交的方差极大因素轴；(c)斜的参考矢量

为了说明因素分析在粒度研究上的应用，在下面介绍一个实例。例子由 69 个样品组成，均筛成 10 级，资料矩阵见表 3-10。根据 Q 型分析，表 3-11 列出特征值、公共因素方差和累计公共因素方差。从表内可以看出，前三个特征值构成总数的 97.46%。于是表3-12 给出 69 个样品在前三个因素轴上的因素载荷矩阵，该矩阵已经根据方差极大法对因素轴做了旋转。除第 13 号样品外，所有样品都具有很高的公共因素方差，说明这三个因素已能很好地说明它们。

表 3-11　主因素及特征值

主因素	特征值	公共因素方差/%	累计公共因素方差/%
1	54.2230	77.22	77.22
2	10.1789	14.34	91.55
3	4.1959	5.91	97.46
4	0.9799	1.38	98.84
5	0.3692	0.52	99.36
6	0.2085	0.29	99.65
7	0.1111	0.16	99.81
8	0.0754	0.11	99.92
9	0.0403	0.06	99.98
10	0.0177	0.02	100.00

表 3-12　因素载荷矩阵

样品号	公共因素方差	因素载荷值			样品号	公共因素方差	因素载荷值		
		因素轴 1	因素轴 2	因素轴 3			因素轴 1	因素轴 2	因素轴 3
80	0.9846	0.9623	0.1288	0.2050	57	0.9968	0.7363	0.1587	0.6554
83	0.9915	0.9616	0.1046	0.2365	7	0.9957	0.7349	0.6503	0.1811
84	0.9932	0.9376	0.1046	0.3214	32	0.9932	0.7215	0.6509	0.2213
52	0.9958	0.9273	0.2179	0.2976	75	0.9973	0.7187	0.5006	0.4798
95	0.9926	0.9261	0.3164	0.1864	60	0.9985	0.7141	0.2451	0.6547
73	0.9888	0.9096	0.0732	0.3950	17	0.9944	0.7069	0.6782	0.1861
14	0.9937	0.9048	0.2134	0.3599	29	0.9948	0.6927	0.5026	0.5123
10	0.9732	0.9044	0.1564	0.361S	51	0.9624	0.6818	0.3049	0.6361
21	0.9907	0.8054	0.2698	0.3485	23	0.9764	0.6665	0.6454	0.9401
24	0.9977	0.8815	0.3918	0.2222	44	0.9930	0.1778	0.9799	0.0356
88	0.9910	0.8903	0.3603	0.2617	70	0.9673	0.0990	0.8776	0.0424
49	0.0952	0.8834	0.3202	0.3350	56	0.9844	0.2137	0.9578	0.0874
61	0.9946	0.8745	0.3895	0.2793	20	0.9710	0.2165	0.9485	0.1027
65	0.9941	0.8689	0.2937	0.3916	43	0.9711	0.2056	0.9339	0.2378
11	0.9891	0.8577	0.4833	0.1419					
					19	0.9725	0.3336	0.9064	0.0614
87	0.9912	0.8542	0.4259	0.2829	8	0.8265	0.1137	0.8995	0.0675
55	0.9906	0.8539	0.2912	0.4203	9	0.9282	0.3807	0.8850	0.0091
50	0.9974	0.8532	0.2203	0.4703	45	0.9045	0.3636	0.8787	0.0094
26	0.9828	0.8423	0.4701	0.2289	48	0.9854	0.4595	0.8699	0.0890
89	0.9866	0.8334	0.4580	0.2868					
					38	0.9878	0.4805	0.8640	0.1024
91	0.9677	0.8306	0.4926	0.1677	16	0.9940	0.5909	0.7707	0.2256
53	0.9979	0.6299	0.1915	0.5220	47	0.9479	0.6260	0.7201	0.1937
54	0.9974	0.8298	0.3290	0.4478	13	0.7882	0.5309	0.6362	0.2270
30	0.9940	0.8274	0.4534	0.3222					
79	0.9825	0.8228	0.4394	0.3353	4	0.9964	0.1936	0.0430	0.9783
					8	0.9969	0.2194	0.0430	0.9731
96	0.9729	0.8046	0.3951	0.4115	2	0.9982	0.2775	0.0432	0.9588
86	0.9814	0.7965	0.5211	0.2746	1	0.9979	0.2772	0.0429	0.9587
15	0.9875	0.7962	0.4615	0.3750	6	0.9985	0.2943	0.0432	0.9539
94	0.9929	0.7935	0.4255	0.4268					
85	0.9893	0.7918	0.0400	0.6006	5	0.9990	0.4047	0.0424	0.9129
					31	0.9331	0.5022	0.2244	0.8250
72	0.9962	0.7800	0.0787	0.6177	12	0.9973	0.5700	0.0787	0.8162

样品号	公共因素方差	因素载荷值			样品号	公共因素方差	因素载荷值		
		因素轴 1	因素轴 2	因素轴 3			因素轴 1	因素轴 2	因素轴 3
97	0.9823	0.7747	0.4569	0.4161	22	0.9983	0.6478	0.0762	0.7400
62	0.9903	0.7432	0.5490	0.3694	42	0.9915	0.6373	0.3262	0.6921
28	0.9993	0.7399	0.2425	0.6269					
82	0.9397	0.7389	0.5274	0.3399	93	0.9344	0.5299	0.4905	0.6426

表 3-12 内每个载荷值的平方代表因素分量，用同行的公共因素方差除因素分量得出标准化因素分量，再在三角图上对这些标准化分量投点(图 3-67)。因素载荷经平方转变成因素分量的作用是进一步强化了较高的载荷，实际上是加强了三角图的顶化，原理类似斜参考矢量分析法。

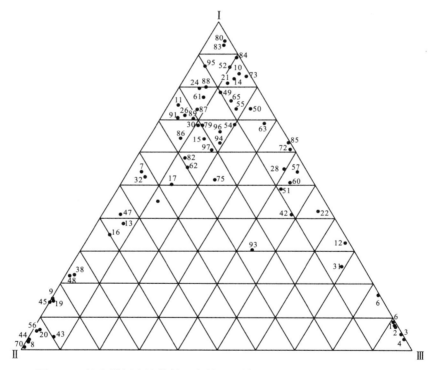

图 3-67　经方差极大法旋转因素轴后，样品标准化因素分量的投点图

从图 3-68 可以看出，样品 80、70、4 属端元样品，其他样品可看作是这三个样品不同比例的混合物。根据了解，样品 4 的 ϕ 值中位数最低，标准差最小，是一个分布的粗粒部分被截断的砂；样品 70 的 ϕ 值中位数高、标准差大，是一粉砂质黏土；样品 80 是含黏土且有些截断的接近砂的物质。样品 80、70、4 表现出中位数稳定地变粗，分选性轻微地变好，且截断也有变明显的趋势。这种系统变化表明了受一定的成因影响。为了了解因素的地质意义，必须设法推断三个端元样品能说明什么地质意义。按前述的样品

特点可以看出，样品 4 可能代表高能环境中的沉积，细粒物质被改造和簸分，可以设想其为海滩破浪带形成的粒度分布，故因素Ⅲ暂定为波浪能。样品 70 是一个颗粒很细、分选很差的沉积物，可能是代表安静的隐蔽环境，其存效的能源是重力，故因素Ⅱ暂定为重力能；样品 80 和它的伴生物表现出双众数及砂和黏土总体相混合的特点，故因素Ⅰ很可能代表流水能。

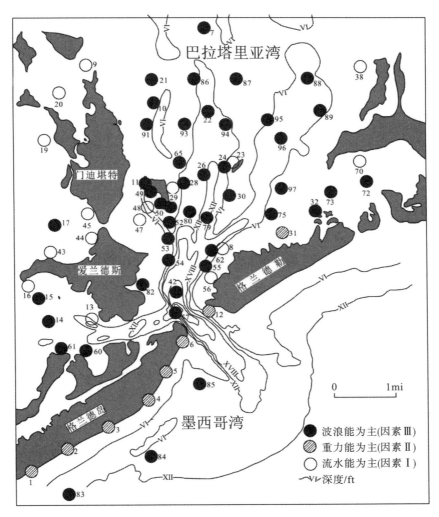

图 3-68　巴拉塔里亚湾由 Q 型因素分析作出的能量类型图

注：1mi=1609.344m

为了了解这种推断是否有地质意义，在平面图上对每个样品的三种因素影响量作图（图 3-68），结果发现样品 4 和其伴生物多存在于岛的靠海一边，于是样品 4 代表波浪能的看法得到证明；样品 70 及类似它的样品存在于隐蔽区，样品 80 及相关的样品存在于深水及沿河道处，这都一定程度上证实了前面的设想，虽然也有例外存在。一般来说，可以根据因素所代表的能量及能谱变化来分区，作用相当于岩相图。

Solohub 和 Kloven(1970)为了检验各种区别沉积环境的粒度分析法的效果，选定了一个当代的湖区，同时通过各种方法进行研究。这个湖区在小范围内有 10 种不同的沉积环境，便于系统采样。他们认为虽然它的环境特点不同于常作为依据的海洋，但它也有因风和气压差别引起的波浪，同时规模、形状及生成特点都类似于海洋，虽无碱水效应，但因所研究物质的黏土含量不高而关系不大。如前例一样用 Q 型因素分析法，样品数为 66，粒级数为 13，共得到三个因素，三个因素占全部数据的 95.3%（因素 1 为 64.5%；因素 2 为 22.0%；因素 3 为 8.8%）。根据前述原理，三个因素代表三个端元分布，每个端元分布说明一种作用，其中第一个因素代表粗粒沉积为高能量，第二个因素代表中粒为中能量，第三个因素代表细粒为低能量。根据每个样品在图 3-67 所示的相似的三角图上的位置，从而决定它代表的能量类型，最后在平面图上画出能量类型分布图（图 3-69），发现结果与原环境的分布极为相似，完全起到沉积相图的作用。

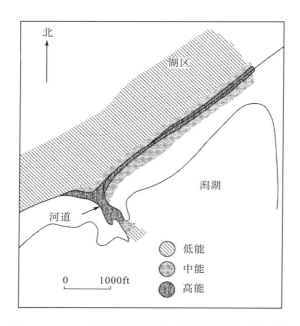

图 3-69   由 Q 型因素分析法作出的某湖区能量类型图

他们同时还作了 $C\text{-}M$ 图、Mason 和 Folk(1958)的结构参数散点图、Friedman(1961)的结构参数散点图、Sahu(1964)的参数图等，发现结果都不是很理想，不能很好地区分各种环境。他们认为这些方法本身不如因素分析法灵敏，原因有：①双变量图表示不了形成粒度分布的复杂作用；②作为图件基础的粒度参数，并未包括全部有价值的资料；③不同的环境内，由于动力能的量和类型的结合可以形成类似的粒度分布，因此粒度分布只能反映沉积作用，并不能反映沉积环境。但我们认为，造成不灵验的原因可能是这些双变量图大部分是区分海、河、沙丘的，对区分内陆湖本身不十分有效。而当前这方面的资料极为缺乏，如果 Q 型因素分析法对研究内陆湖的各种环境有效，则今后在我国古代沉积研究中应广泛地试用。

也有人进行了 R 型因素分析，如 Allen 等(1972)所做的纪龙德河口(法国)沉积物 R 型因素分析。他将筛析结果的各种粒级重量作为粒度参数，因素分析时将这些参数根据对某一种环境(搬运过程)具有同样反映而分成组合(因素)。关于 R 型因素分析的方法可参考有关的统计书，此处不详述。他还将分析结果与粒度概率曲线(Visher，1965)及 C-M 图(Passega，1964)做了比较。通过分析发现，一般三个因素能解释粒级的 73%，其余 27% 作为随机变化处理。一定粒级受某一因素支配的程度，用因素载荷表示。例如，若一种参数只受一种因素影响，则其载荷为 1；相反，若该参数不受这个因素影响，则载荷为 0。实际的情况比这复杂得多，任一参数不只受一个因素的影响，是受一系列因素的影响，而其中有一个是主要的，这时可以对每个因素建立载荷剖面。如图 3-70 所示，因素Ⅰ载荷剖面表现出与大于 0.6ϕ 的粒级强相关，最大载荷是在 0ϕ 处，载荷量为-0.95；从 0.6ϕ 起，载荷急速降低，并且由负值经零变为正值，因此 $0.6\phi\sim3.06\phi$ 应属第二种粒级组，在小于 3ϕ 处载荷的量已很小了。因素Ⅱ与较细的粒级(大于 3ϕ)强相关，最大载荷在 4.3ϕ 处，载荷量为-0.9$\sim$-0.8，小于 3ϕ 处载荷急速降低。因素Ⅲ介于二者之间，即在 0.6ϕ 和 3.0ϕ 之间，同时还可看出中间分为两个亚组：一个为 $2\phi\sim3\phi$ 组，最大载荷在 2.3ϕ 处；另一个为 $0.6\phi\sim2\phi$ 组，最大载荷在 2.3ϕ 处。总之，可以分成以下三个因素组或粒度总体。

总体Ⅰ：粗砂(小于 0.6ϕ)。

总体Ⅱ：细砂、粉砂、黏土(大于 3.0ϕ)。

总体Ⅲ：中砂($0.6\phi\sim3.0\phi$)。

根据计算，因素Ⅰ包含研究区总粒度的 35%，因素Ⅱ为 26%，因素Ⅲ为 12%。

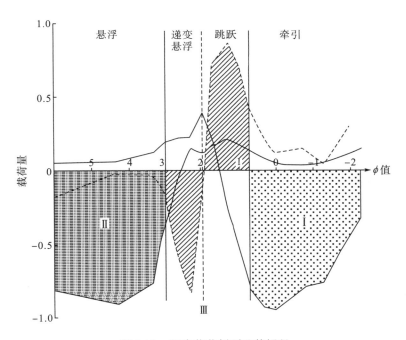

图 3-70　因素载荷剖面及其解释

　　纪龙德河口资料所作概率累计曲线(图 3-71)与 Visher(1969)的概率累计曲线比较,发现总体 E 相当于他的悬浮总体,1.3ϕ～3ϕ 间相当于他的跳跃总体,0.6ϕ～<1.3ϕ 以上为牵引总体,因此牵引总体的下界是在 0ϕ～1.3ϕ 间。此截点比 Visher(1969)的入潮口环境截点(1.25ϕ～1.75ϕ)稍粗,Allen(1972)认为这是由于本区物源混有较粗的古沉积物,不单是当代河口及冲积来源,因而粒度偏粗。另外,因素 I 相当于 Visher(1969)的跳跃总体,是两端点的过渡带,颗粒越粗时,颗粒越易彼此接触并密集于底部,2ϕ 间断即相当于因素III的载荷由负至正的转变点(图 3-70),Allen 等(1972)将因素III以此点分为两亚类:2ϕ～3ϕ 代表递变悬浮[各词的含义与 Passega(1972)的相同];0.6ϕ～2ϕ 代表递变悬浮和牵引总体的过渡带,称为跳跃总体。而 2ϕ 代表开始含牵引总体的转折点。对鄂尔多斯盆地侏罗系河流相砂岩研究所作的河砂和河流相砂岩图,都发现在粒度概率累计曲线上的 3ϕ 处可分出两个悬浮总体。粒度>3ϕ 者为均匀悬浮总体,分选性好,直线的斜率大;粒度<3.0ϕ 者属递变悬浮,分选性差,直线的斜率小。鄂尔多斯盆地侏罗系递变悬浮与跳跃总体的截点是 0.75ϕ～2.50ϕ,我们称这种含两个悬浮总体的河流型曲线为上三段型(图 3-4),以与 Visher(1969)的两段河流型曲线区别,他的曲线上的悬浮总体实际上只相当于递变悬浮总体。

　　Allen 等(1972)还对比了 C-M 图。他们用 5%的粒度而非 1%粒度(在他们的累计图上是 95%)作为 C 值画图(图 3-72)。该图表明了几种搬运作用,即递变悬浮(D_{95}>1.1ϕ)、递变悬浮+牵引及牵引(D_{95}<1.1ϕ),可看出界线与粒度概率曲线上的界线稍有不同。从图上可看出,主要是根据因素 I 的含量进行划分的。当因素 I 含量≥5%时,属于递变悬浮+牵引总体及牵引总体,其中 5%～20%应属递变悬浮+牵引总体区,而大于 20%则属牵引总体区。

　　总之,可看出 R 型因素分析对分析搬运作用是一个很好的方法。

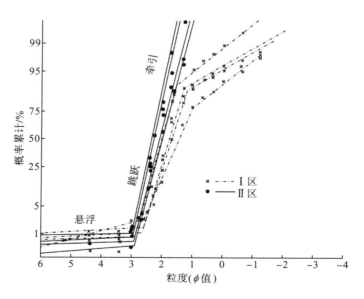

图 3-71　研究区内代表性样品的粒度概率累计曲线

注:搬运方式参考 Visher(1969)

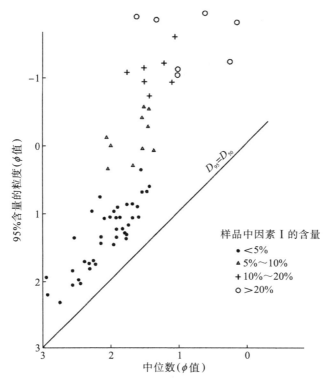

图 3-72　据研究区内样品所作的 C-M 图

第四章 粒度分析应用的典型研究实例

本章选取典型研究实例，分析不同沉积环境下所形成的沉积序列和沉积岩的粒度特征。在详细的野外或钻井岩心沉积相分析和岩石学特征研究的基础上，通过前一章总结的不同沉积环境下现代沉积物和古代沉积岩的粒度分布特征，与地质历史时期形成的岩石粒度分布进行系统对比，尤其通过绘制粒度概率累计曲线的方法解释了研究区的粒度分布规律及其形成机制和控制因素，深化了沉积环境和沉积相分析的微观认识，论证了粒度分析方法在开展地质历史时期沉积岩沉积地质研究中的有效性和重要性。

第一节 准噶尔盆地三叠系冲积扇沉积

一、沉积地质特征

准噶尔盆地西北缘中三叠统下克拉玛依组广泛发育冲积扇粗碎屑建造，沿着扎伊尔山前沉积了一系列裙带状展布的冲积扇体，地层厚度为 50～70m，岩性主要为中-细砾岩、中-粗砂岩、粉砂岩和泥岩，碎屑粒度粗、分选性差、磨圆度较差至中等，整体呈现向上粒度由粗变细的趋势。常见的沉积构造包括反映碎屑流沉积特征的含漂砾块状构造和反映牵引流沉积特征的各种层理构造，细碎屑沉积物中普遍含砂砾，反映近物源堆积的特征。从层序地层特征来看，下克拉玛依组发育多级基准面上升半旋回，整体具有向上变细的特征，岩性从底部的厚层砂砾岩体夹泥质粉砂岩变为顶部的厚层泥岩夹薄层砂(砾)岩，旋回间具有较稳定分布的泥岩-泥质粉砂岩，反映了可容空间与沉积物补给速率的比值(A/S 值)在纵向上总体向上变大的背景上，内部有多个 A/S 值向上变大的次级旋回。随着基准面的多阶段持续上升，砂体从下部的连片状过渡到中部的宽带状，再变为上部的窄带状(吴胜和等，2008)。根据单一扇体顺物源方向上的剖面结构，其内部可进一步划分为扇根、扇中和扇缘亚相。扇根亚相一般靠近剥蚀区发育，岩性以粗砾岩、泥质砾岩等为主，粒度最粗，杂基支撑或颗粒支撑，次棱角状-次圆状，分选性差，一般呈块状构造，不显层理或者可见砾石呈叠瓦状排列，反映碎屑流或泥石流沉积的特征。扇中内缘主要发育辫流带，砂砾岩占比较大，具有牵引流的沉积特征，辫状河道间由漫流沉积所分隔。砂体厚度大，呈连片状发育，岩性粗，以中-细砾岩为主。辫状河道侧向迁移快，砂体相互叠置[图 4-1(a)]，细粒沉积很易被后期强水流所侵蚀而较难保存，砂体内部常见各种交错层理，反映较强的水动力条件[图 4-1(b)]。扇中外缘辫状河道砂体剖面上呈宽条带状，垂向上砂砾岩与细粒沉积互层，侧向上辫状河道砂体之间发育漫流泥岩沉积。辫状河道的侧向迁移少，辫流带内河道规模较小、数量较少，砂体侧向宽度较小。纵向上，除局部地方河道下切导致旋回顶部细粒沉积冲刷外，各级次旋回顶部均存在细粒沉积。扇缘-湿地环境中，辫状河道呈径流型，侧向迁移小，侧向连续性差，厚度小。该类型砂砾岩体呈窄条带状孤立分布在漫流泥岩之中，砂体规模较小。岩性以细砾岩或砂砾岩为主，以次棱角状-次圆状为主，分选中等，可见各类交错层理。

图 4-1 准噶尔盆地下克拉玛依组多期辫状河道砂体沉积、冲积扇中亚相

(a)辫状河道砂体垂向叠置；(b)辫状河道砂体中发育交错层理

二、粒度分布特征

选取下克拉玛依组典型的辫状河道砾岩利用筛析法进行粒度分析，结果表明，碎屑颗粒成分都是以相对粗粒的滚动组分和跳跃组分为主，而细粒的悬浮组分很少，具有以粗粒沉积为主的粒度特征。粒度概率累计曲线图显示，总体上曲线斜率较小，表明岩石分选较差。跳跃组分总体可以发育为两个粒度跳跃总体，概率累计曲线上表现为两段相交的直线，二者在粒度的中值和分选上略有差别(图 4-2)。这是由于砂质细砾岩和砾质砂岩等岩

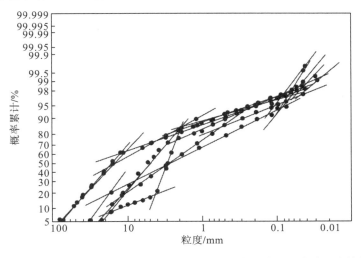

图 4-2 准噶尔盆地西北缘下克拉玛依组砾岩粒度概率累计曲线分布特征

石类型主要发育于冲积扇中的辫流带等沉积环境中，受水流冲刷回流作用，跳跃组分发生了跳跃组分的分异。需要特别指出的是，图 4-2 中这些样品的粒度较粗，但对于砾岩的整体粒度分布来说，并不是当中粒度中等或粗粒的占大多数，而是受限于样品分析方法，样品的分析主要采用筛析法，过大的砾石颗粒无法进行实验操作，因此未在结果中列出。实际情况是这类砾岩含有更多的粒度组分和更大的粗粒滚动组分，概率累计曲线上表现为滚动组分的线段斜率更小，粒度区间更大。

第二节　鄂尔多斯盆地侏罗系河流沉积

一、沉积地质特征

鄂尔多斯盆地中侏罗统直罗组发育典型的辫状河-曲流河沉积，辫状河沉积发育在直罗组下段，以横向上分布稳定、厚度大的辫状河道砂体为特征。在盆地东南部的甘泉地区，可见直罗组底部出露辫状河道砂岩，垂向上和侧向上可见多期叠置的辫状河道砂体，显示出河道频繁迁移的特征(图 4-3)。单层叠置砂岩厚度为 15～40m，通常由一系列不完整的沉积旋回反复切割叠置而成，泥岩段大都小于 10m。

图 4-3　鄂尔多斯盆地甘泉地区直罗组底部辫状河厚层砂体

直罗组底部与下伏延安组多呈冲刷接触，冲刷面呈凹凸不平状，底部砂岩含大量炭化植物茎干、铁锰质结核以及石英岩质大砾石滞留沉积，反映较强的水动力条件。垂向上，每个沉积旋回都具有由下而上由粗变细的趋势，从旋回底部向上依次发育粒序层理、大型槽状或板状交错层理、平行层理以及少数砂纹层理(图 4-3)；旋回顶部为薄层的灰绿色粉砂、泥岩或薄煤线，反映水动力由强变弱的总体趋势。曲流河沉积主要发育在直罗组上段，垂向上，由于河道侧向迁移，发育向上变细的沉积序列，使较细粒的沉积依次叠覆在较粗的沉积之上，形成典型的曲流河二元结构。下部为多期透镜状河道砂体的侧向叠置，河道砂岩横向连续性差，一般为中细粒砂岩，单层砂体厚 8～15m。上部发育天然堤、决口扇或泛滥盆地等细粒沉积，岩性为薄层砂岩、砂质泥岩和泥岩等。砂岩底部冲刷面起伏强烈，向上依次发育大型槽状交错层理、小型槽状交错层理、爬升砂纹层理及水平层理等。

二、粒度分布特征

直罗组下段砂岩薄片粒度分析结果显示,砂岩粒度概率累计曲线类型全部为两段式(包括上三段式),粒度组分由跳跃和悬浮两个总体构成(图 4-4)。盆地西部样品两个总体的截点为 2.8ϕ 左右,跳跃组分含量为 $50\%\sim70\%$,悬浮组分含量为 $10\%\sim30\%$。盆地东部样品两个总体的截点为 $1.20\phi\sim2.25\phi$,跳跃组分含量为 $45\%\sim75\%$,悬浮组分含量普遍较西部高,为 $15\%\sim50\%$,说明东部更接近沉积中心。上述样品粒度分布曲线反映河道沉积粒度特征,以急流型为主,这与野外地层沉积特征所反映的水动力条件也是相符的。盆地东北部神山沟直罗组下段薄煤层之上和上段的砂岩样品表现为较小斜率的三段式,以跳跃组分为主(图 4-4),与三角洲分流河道的典型特征相似;位于薄煤层之下的细砂岩样品概率累计曲线近似一段式,反映了快速堆积的特征,推测为三角洲平原决口扇沉积产物。

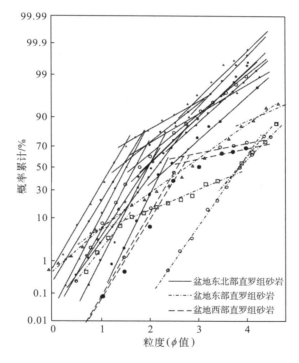

图 4-4　鄂尔多斯盆地直罗组砂岩粒度概率累计曲线特征(赵俊峰等,2007)

除直罗组砂岩外,前人还系统总结过鄂尔多斯盆地多个地区的侏罗系其他地层(延安组和安定组等)河流相砂岩的粒度特征(成都地质学院陕北队,1978)。从粒度分布曲线形状看,大致可以总结为三种类型。

(1)两段型:由跳跃和悬浮两个总体组成(图 4-5 中的 A 和 B),其截点的变化区间很宽($0.75\phi\sim4.00\phi$)。两段型曲线截点大于或等于 2.25ϕ 的占 61.1%,截点的大小可以反映搬运介质的扰动强度,强度高的在较粗粒度上发生截断,因而截点大于或等于 2.25ϕ 的那些两段型曲线可以反映较急河流的沉积环境。另外,曲线悬浮总体的斜度多数分布在 $36°\sim$ $50°$(占 80%)。本类型还包括一部分由其衍生的上三段型及下三段型曲线。下三段型曲线 (图 4-5 中的 D)是在跳跃总体的粗端存在一个分选性差的牵引总体,二者的截点在 1.00ϕ 附近。牵引总体的存在,一般受源区物质的粒度控制,当河流负载中含有较粗的碎屑,流 速不足以使其呈跳跃方式搬运时,而是呈滚动或滑动方式搬运,当流速减小时,即与其他 方式搬运的碎屑一起沉积下来。这一总体往往在河流的深水区中发育。上三段型曲线 (图 4-5 中的 C)的特征是由三条线段组成,中间线段的斜率最小,它与细粒总体的截点在 $2.50\phi\sim3.75\phi$,底部的粗粒总体含量一般小于 65%,与中间总体的截点为 $0.75\phi\sim2.50\phi$, 其中截点大于 2.25ϕ 的点占多数(82.8%)。

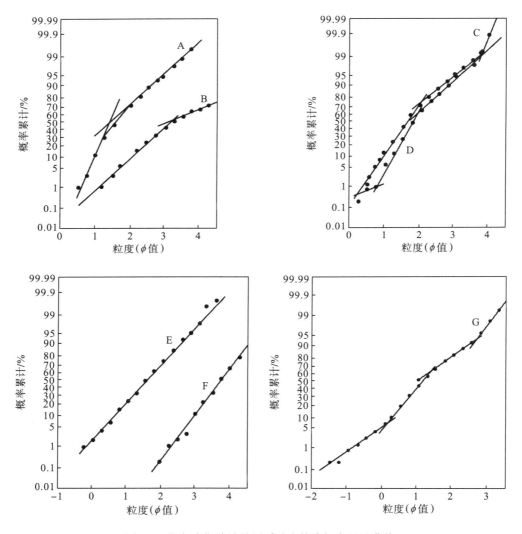

图 4-5　鄂尔多斯盆地侏罗系砂岩粒度概率累计曲线

（2）单一直线型：由单一的直线段组成（如图 4-5 中的 E），说明粒度分布为一个正态分布，属于一种方式搬运。此种直线的斜度大部分小于 50°（42.6°～48.5°），在宽的区间内延伸，最大粒径可在 0ϕ 附近。此类曲线多与其他河流曲线伴生，但常位于河流沉积旋回的底部或上游支流河道中，因此它应属水流更为湍急的沉积。另一种直线型曲线（图 4-5 中的 F）与上述直线型曲线不同，粒度较细（大于 2ϕ），斜度也较大（53°）。根据沉积特征分析，认为这种曲线可能属于河流的天然堤或其他河漫滩沉积。当洪水漫过河岸后，由于水速急剧下降，水体中的主要负载大量沉积在河岸附近。

（3）多段型：曲线至少由四段组成（图 4-5 中的 G），分选性一般差。这类曲线较易在上游支流河道中存在，因此可能仍属于类似浊流沉积的山地河流沉积，由于水流湍急而分异不完全，因而构成多段型。具有此类型曲线的样品都属延安组下部的砂岩，为地壳刚刚上升后、河流较急情况的产物，也可间接地证明上述论点。

第三节　准噶尔和鄂尔多斯盆地侏罗系、二叠系三角洲沉积

一、沉积地质特征

准噶尔盆地南缘中-下侏罗统以河流-三角洲-湖泊沉积为主，来源于天山的大量碎屑物质在山前经过短距离快速进入水体堆积下来。上游或中游地区一般形成冲积扇、辫状河或曲流河沉积或者三角洲平原沉积，靠近沉积中心演变为三角洲前缘、前三角洲和滨浅湖沉积。

冲积扇、辫状河或辫状河三角洲平原沉积在多个剖面的下侏罗统八道湾组下部地层中普遍发育，剖面上以厚层砂砾岩和炭质泥岩夹煤层为特征（图 4-6）。在玛纳斯和后峡地区，厚层砂砾岩多以透镜体形式产出，单个透镜体向上粒度变细，发育大型斜层理、槽状交错层理及底冲刷构造，代表一期河道沉积。透镜状砂砾岩在横向和垂向上充分叠置拼合，相互切割，其间不存在泥岩或细粒岩隔夹层，仅以冲刷面分开，构成复合砂砾体，为辫状河心滩沉积，同时表现出辫状河频繁迁移改道的特征。复合砂砾体之间部分叠置，但大部分被薄层不连续且有机质含量高的泥岩或细砂岩隔开，这种细粒沉积可解释为河漫滩沉积。八道湾组上部则是以一系列薄层席状中细砾岩和砂岩相互叠置沉积，表现为冲积扇漫流沉积的特点，并夹有多个厚层砂砾岩透镜体，透镜体底部具有冲刷面构造，此为扇面上的辫状河道沉积。辫状河三角洲前缘沉积在桃树园、白杨沟和头屯河地区的八道湾组地层当中普遍发育，垂向上由透镜状砂砾岩和厚层泥岩交替沉积组成，可见砂砾岩透镜体在侧向上多期叠加，有时透镜体之间常被薄层深灰色泥岩分割，彼此孤立不连通，底部发育冲刷构造，粒度向上变细，常见大型槽状交错层理及大型斜层理，具有水下分支河道的特征。底部有时可见常见不对称性波痕及炭化、硅化或铁化的植物茎干，为河道底部的滞留沉积。厚层泥岩有机质含量高，常见植物叶片化石，反映分流间湾或前三角洲泥岩的特征，其中夹少量薄层透镜状中砂岩，指示河口末端的河口坝沉积。

图 4-6　准噶尔盆地南缘四棵树地区八道湾组辫状河三角洲平原沉积序列

　　曲流河或曲流河三角洲平原沉积在玛纳斯、白杨沟和头屯河地区的西山窑组中发育，两者具有类似的沉积特征，区别是后者发育三角洲平原沼泽沉积，一般发育在河流中下游、地势平坦的地区。剖面上整体由多个粒度向上变细的层序组成，底部砂岩普遍含砾，粒度较粗，向上逐渐变为中砂岩、细砂岩，最后演变为顶部的含有机质泥岩，局部夹薄煤层（图 4-7）。单个层序底部厚层粗砂岩常见大型板状和槽状交错层理及大型树木茎干化石，上部细粒沉积的厚度明显大于底部粗砂岩，个别层序二者厚度相同。细粒沉积含两种岩相组合类型：一种是较纯净厚层灰黑色泥岩段，有机质含量丰富，常见保存完整的植物叶片化石并夹大量中薄层煤层；另一种是中细砂岩与泥岩薄互层段，其中薄层中细砂岩横向厚度较为稳定，内部常见水平层理和波状层理，单个层序底部厚层粗砂岩为曲流河三角洲平原中的分支河道沉积，上部有机质含量丰富的纯净泥岩段及中薄层煤层则沉积于平原沼泽环境中，砂泥薄互层则为天然堤沉积。曲流河三角洲前缘沉积在头屯河剖面的三工河组中部较为发育，由多个粒度向上变粗的旋回组成。单个旋回垂向上均由泥岩向上逐渐演化为厚层粗砂岩，且单层砂岩的厚度、砂岩层密度向上逐渐增大，旋回顶部粗砂岩上下层面平整，横向延伸长，常见大型板状交错层理，具有前缘席状砂的沉积特征（图 4-8）。曲流河三角洲前缘沉积上部的厚层粗砂岩具有粒度向上变细的特征，发育大型槽状及板状交错层理，且底部具冲刷构造，保存有完整的大型树木茎干化石，可解释为曲流河前缘水下分支河道，未见河道迁移，为厚层单河道砂体，体现了曲流河河道深且稳定的特性。

　　前三角洲或滨浅湖沉积在头屯河和白杨沟地区的三工河组底部和顶部发育，沉积序列以灰绿色泥岩夹薄层横向稳定连续的中细砂岩为特征，砂岩层中的水平层理、波纹层理及小型斜层理非常发育。

图 4-7　准噶尔盆地南缘玛纳斯地区西山窑组曲流河三角洲平原沉积序列

图 4-8　准噶尔盆地南缘玛纳斯地区三工河组曲流河三角洲前缘沉积序列

以玛纳斯地区三工河组为例，三角洲分流河道砂岩在镜下具有细粒-粗粒结构，颗粒支撑，呈次棱角状-次圆状，分选性中等-好（图 4-9），反映出水动力条件较强的牵引流特征。成分上，以石英和岩屑为主，含少量长石。石英为单晶石英和多晶石英，少量石英岩中的脉石英，岩屑以花岗质岩屑和火山岩岩屑为主，含少量变质岩岩屑和沉积岩岩屑。岩石多以泥质或碳酸盐胶结为主，总体含量较少。综上所述，不论是成分上还是结构上，该类砂岩都具有近源湖盆中发育的三角洲分流河道的特征。

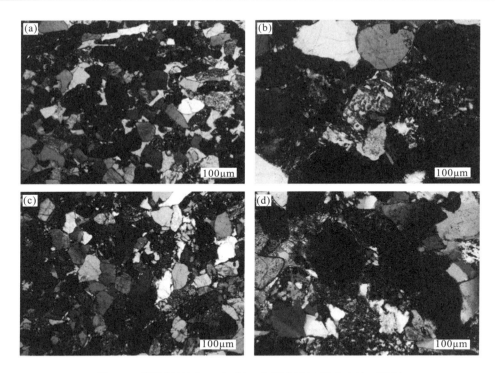

图 4-9 玛纳斯地区三工河组三角洲分流河道砂岩镜下特征

　　鄂尔多斯盆地在二叠系广泛发育了辫状河-曲流河三角洲沉积，平面上表现为河流入湖或者入海的特征，因此与湖相泥岩或海相碳酸盐岩在空间上呈过渡关系，二叠系多套厚层湖相泥岩和灰岩夹层就是重要的标志。在剖面上表现为以分流河道、河口坝砂岩和河道间粉砂岩、泥岩或煤层为特征的典型沉积序列，总体由多个向上变细的沉积旋回叠置而成（图 4-10）。分流河道砂体具有明显的顶平底凸的外部几何形态，常侵蚀下伏地层，冲刷面呈起伏状，其中可见大型槽状交错层理、板状交错层理等较强水动力条件下形成的典型沉积构造（图 4-11），砂岩下部发育的槽状交错层理指示河道底部侵蚀作用明显，向上部转变为板状交错层理，反映多期次河道迁移叠置和向上水动力逐步减弱的沉积特征。辫状河三角洲分流河道砂体厚度以中-厚层为主，比曲流河三角洲分流河道砂体厚度大，砂体底部冲刷构造发育，顶面相对平整，顶部覆盖粉砂质、泥质沉积，说明水动力条件依次减弱。分流河道砂岩以含砾粗砂岩、粗砂岩为主，向上粒度变细，底部常见炭化植物茎干、定向排列的砾石层和泥砾等滞留沉积的标志。分流河道间沉积以天然堤、决口扇、河漫沼泽和河漫湖泊等沉积微相为特征。天然堤主要由砂泥岩薄互层组成，砂岩的单层厚度不超过0.2m，决口扇表现为夹在泥岩中的砂岩透镜体，底部具有明显的冲刷现象。河漫亚相主要发育泥岩，夹有薄层的粉细砂岩，在潮湿气候环境下，泥岩呈灰黑色、深灰色，可见植物炭屑，植物发育的区域可以形成煤层[图 4-11(c)]；在干旱气候条件下，岩石呈灰绿色、紫红色、砖红色和杂色[图 4-10(a)]。

图 4-10　鄂尔多斯盆地东部扒楼沟地区下石盒子组曲流河三角洲沉积序列(a)与砂岩镜下特征(b)

图 4-11　鄂尔多斯盆地山西组辫状河三角洲沉积中分流河道砂岩发育特征

(a)分流河道微相发育交错层理，扒楼沟剖面；(b)分流河道砂岩镜下特征，单偏光；(c)辫状分流河道砂岩和河漫沼泽煤层，扒楼沟剖面；(d)辫状分流河道砂岩镜下特征，单偏光

　　准噶尔盆地南缘二叠系乌拉泊组发育了典型的辫状河三角洲沉积，辫状河三角洲砂体较为发育，物性良好，是区内重要的油气储集层。进一步可以识别出辫状分流河道、河道间泛滥平原以及分流间湾等沉积微相。分流河道底部以块状层理砾岩、含砾砂岩为主，砾石分选、磨圆度较差，常见砾石叠瓦状构造，底部为明显的冲刷面，与下伏地层呈侵蚀接触，代表河道底部滞留沉积。下部为平行层理砂岩，向上过渡为水平层理、槽状交错层理砂岩，属河道内横向砂坝沉积，代表河道的侧向沉积产物。在水上环境，水

平层理、断续波状层理粉砂岩、粉砂质泥岩属河漫滩沉积，代表河流迁移改道导致的顶部细粒沉积。灰绿色、紫红色块状泥岩发育干裂构造，属洪水期河水溢出岸外的泛滥平原沉积。在水下环境，分流河道砂岩之间为厚层的泥岩沉积，水平层理发育，代表水动力条件较弱的静水环境。

二、粒度分布特征

粒度特征上，准噶尔盆地南缘侏罗系三角洲平原和前缘分流河道砂砾岩为颗粒支撑，分选较差，磨圆度非常好，中粗砂岩粒度概率累计曲线呈明显的两段式，少数为三段式，跳跃组分占主体，含少量悬浮组分[图 4-12(a)]。

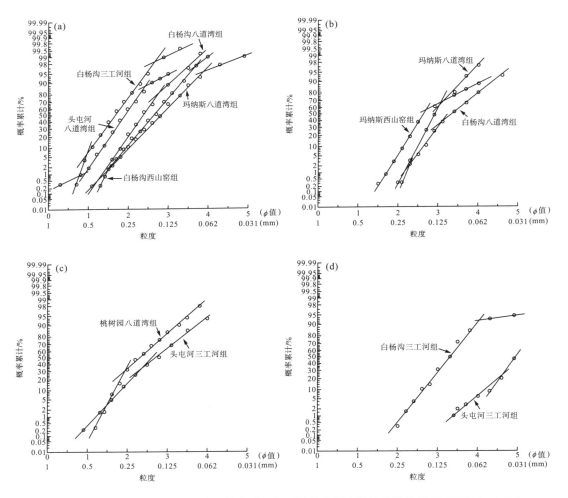

图 4-12   准噶尔盆地南缘中-下侏罗统典型沉积环境粒度概率累计曲线特征(房亚男等，2016)

(a)(分支)河道；(b)河漫滩(支流间湾)；(c)河口坝和席状砂；(d)前三角洲或滨浅湖

　　单个沉积旋回上部的薄层细砂岩粒度概率累计曲线仍为两段式,但悬浮组分含量明显增多[图 4-12(b)],具有河漫滩或分流间湾的粒度特征。河口坝和席状砂岩的粒度概率累计曲线由跳跃和悬浮两个总体组成,类似于分流河道砂岩的粒度特征,但是其以悬浮组分为主,悬浮组分中细粒颗粒含量较多,反映相对较强的水动力环境[图 4-12(c)]。滨浅湖细砂岩粒度概率累计曲线由跳跃和悬浮组分组成,也可见悬浮组分包含两个总体,可能分别为湖浪的冲流和回流沉积作用[图 4-12(d)]。

　　利用薄片法对鄂尔多斯盆地东南部下石盒子组盒 8 段岩心的粒度分析结果表明,盒 8 段砂岩粒度概率累计曲线可以分为四种类型(图 4-13)。①两段式:由跳跃总体与悬浮总体组成,其中跳跃总体体积分数可达 80%以上,悬浮总体体积分数为 10%~20%,截点为1ϕ~3ϕ。表现为跳跃总体粒度较粗且体积分数较高,具有三角洲平原和前缘分流河道沉积特征,反映沉积物离物源较近。②三段式:概率累计曲线表现为以跳跃总体与悬浮总体为主,滚动总体很少,具有明显的河道牵引流特征。③两段夹过渡式:主要由跳跃总体、悬浮总体及二者的过渡段组成,截点在1.5ϕ~1.8ϕ,总体反映三角洲前缘水下分流河道砂体特征。其中,跳跃组分分异成两个总体,反映三角洲入水后受波浪或回流改造的特征。④多段式:沉积物粒度相对较粗,悬浮总体体积分数约为 10%,代表河道底部滞留沉积的粗粒滚动组分具有两个总体,表明水动力较强,河道频繁遭受改造,具有三角洲前缘水下分流河道的特征。

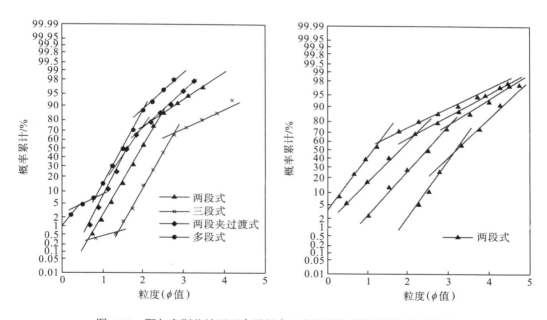

图 4-13　鄂尔多斯盆地下石盒子组盒 8 段砂岩粒度概率累计曲线特征

　　鄂尔多斯盆地东北部扒楼沟地区二叠系山西组辫状河三角洲沉积薄片粒度分析结果表明,砂岩样品 C 值一般为0.03ϕ~0.35ϕ,M 值一般为0.5ϕ~1.35ϕ,粒度概率累计曲线显示砂岩粒度主要表现为"跳跃与过渡-悬浮"搬运的传统两段式沉积以及冲洗两段式特征(图 4-14)。前者主要由跳跃总体以及过渡-悬浮总体组成,该种粒度概率累计曲线特征可以反映较强水动力特征,从粒度概率累计曲线的斜率上可以看出,砂岩的分选性较好,反映出沉积环境水动力较稳定;后者主要表现为以跳跃总体为主的粒度特征,该种粒度概率累计曲线反映了水体具有双向水流作用的特点,这在河流环境中一般不会出现,因此这种类型的粒度概率累计曲线可以在一定程度上反映三角洲沉积环境。

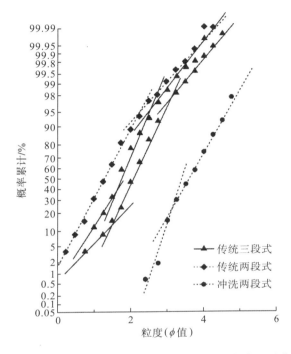

图 4-14　鄂尔多斯盆地扒楼沟地区山西组砂岩粒度概率累计曲线特征

　　通过薄片粒算法对乌拉泊组辫状河三角洲不同沉积环境下砂岩的粒度特征进行分析,辫状河三角洲平原分流河道砂岩的粒度概率累计曲线呈现出两段式的特征,由跳跃总体与悬浮总体组成。跳跃总体可达 80% 以上,悬浮总体相对较少,S 截点约为 2.23ϕ,总体表现为沉积物粒度较粗,分选性、磨圆度较差的特征。水下分流河道粒度概率累计曲线主要由跳跃总体和悬浮总体组成,其中跳跃总体由两段组成,S 截点约为 2.27ϕ,反映分流河道进入水体后水动力减弱,沉积物粒度变细,分选性、磨圆度较好的粒度特征。河口坝沉积粒度概率累计曲线由多段组成,沉积物粒度较粗,跳跃总体占 75%～80%,S 截点约为 2ϕ,沉积物分选性、磨圆度偏差,反映沉积速率较高的沉积特征(图 4-15)。

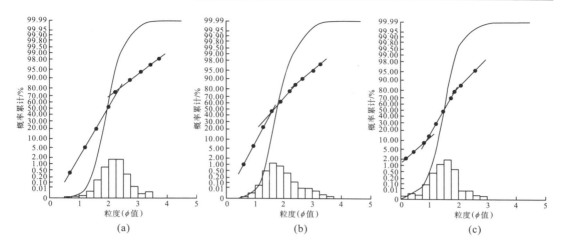

图 4-15 准噶尔盆地南缘二叠系乌拉泊组辫状河三角洲沉积粒度分布曲线

(a)辫状分流河道；(b)水下分流河道；(c)河口坝

第四节 鄂尔多斯盆地二叠系滨海和浅海沉积

一、沉积地质特征

鄂尔多斯盆地下二叠统太原组沉积期处于陆表海环境，发育碳酸盐潮坪-障壁潟湖-三角洲沉积体系，三角洲以河控型浅水三角洲为主(图 4-16)，形成陆源碎屑岩夹碳酸盐岩的含煤混合沉积。太原组下部桥头砂岩发育典型的有障壁海岸沉积，其中受潮汐作用控制形成的潮道砂岩主要为岩屑砂岩、长石岩屑砂岩，为中-粗砂结构，部分层段为含砾砂岩，分选性中等，磨圆度为次圆状-次棱状，常见潮汐环境下形成的典型的双向交错层理、羽状层理、粒序层理、波状层理、脉状层理及透镜状层理等复合韵律层理组合(图 4-17)，指示典型的潮汐影响沉积构造组合，是潮汐水流水动力条件不断变化的沉积响应。粒序结构整体为上粗下细的逆粒序，中部层段发育粗砂岩及含砾粗砂岩，向下则过渡为潟湖相泥岩及煤层。

图 4-16 鄂尔多斯盆地东部太原组浅水三角洲沉积特征(a)与砂岩镜下特征(b)

图 4-17　鄂尔多斯盆地东部太原组桥头砂岩中发育双向交错层理(a)与砂岩镜下特征(b)

　　太原组砂岩在镜下粒度较细，以中-细砂为主，粒度一般在 0.5mm 以下。砂岩分选较好，多呈次圆状-圆状，颗粒长轴方向较为一致，反映经历了较强的水动力搬运和分选作用。成分上，颗粒以石英为主，含少量长石、岩屑以及云母类片状矿物，说明成分成熟度较高，经历了较长距离的搬运，不稳定组分在搬运过程中发生了分解，绝大多数剩下的为稳定的石英颗粒。岩石镜下整体较为洁净，黏土质和细粒杂基含量较少，说明经历了较强的淘洗作用，细粒悬浮组分被搬运介质带走，只剩下相对较粗的颗粒。以上特征均反映了滨海三角洲沉积的砂岩特征。

二、粒度分布特征

　　鄂尔多斯盆地神木地区太原组内的桥头砂岩以含砾粗砂、粗粒、中粒为主，最大粒径为 6.5mm，平均粒径为 0.76mm。磨圆度为次棱角状-次圆状，整体分选性较差。通过对太原组砂岩粒度参数的计算得出：标准偏差(σ_1)为 1.06～1.88，表明分选性较差-差；偏度(SK_1)变化范围较小，在 0.44～0.7，具有正偏态；峰度(K_G)变化范围在 2.46～3.98，表明很尖锐至非常尖锐。其概率累计曲线整体呈两段式，由跳跃总体和悬浮总体构成(图 4-18)。

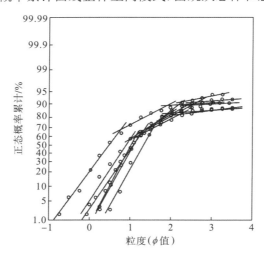

图 4-18　太原组桥头受潮汐作用影响的浅水三角洲砂岩粒度概率累计曲线

主要由跳跃总体组成，悬浮总体含量较少，常缺乏滚动总体，跳跃总体与悬浮总体之间发育过渡带；跳跃组分分选性中等-较差，悬浮组分分选性差。细截点在 $2.0\phi \sim 3.25\phi$，平均为 2.5ϕ。跳跃总体含量平均为 81.6%，悬浮总体含量平均为 5.3%。频率曲线上表现为双峰或不对称曲线和少数单峰曲线，大多数为正偏态。桥头砂岩整体粒度特征与三角洲沉积较相似，在砂岩底部和上部的粒度概率累计曲线中，跳跃与悬浮组分之间存在不同程度的过渡成分，可能是受变化水流(水能量突然降低或混合等)影响的结果，为典型潮汐水流沉积产物，如潮汐水道、障壁砂坝及砂坪等。

第五节　鄂尔多斯盆地和特提斯石炭系、三叠系深水重力流沉积

一、沉积地质特征

我国地质历史时期的湖相重力流沉积记录丰富，在鄂尔多斯盆地三叠系延长组沉积时期，湖盆中心就普遍发育重力流成因的砂质碎屑流和浊流沉积。在野外剖面上可以见到浊积成因砂岩段夹在深湖相厚层暗色泥岩中[图 4-19(a)和(b)]，泥岩中普遍发育黄铁矿、鱼化石等指示深湖环境的典型标志。

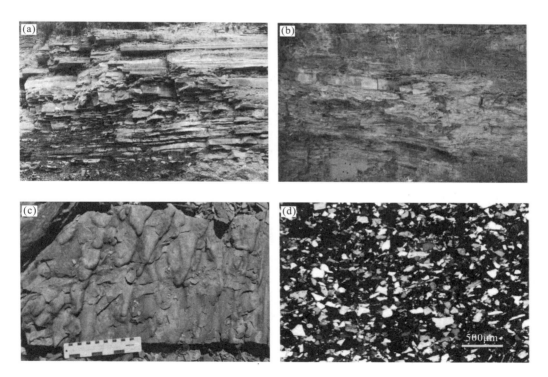

图 4-19　鄂尔多斯盆地南部瑶曲地区三叠系延长组深水相沉积序列

(a)深湖相细粒沉积；(b)重力流沉积岩段；(c)重力流成因细砂岩底面上发育典型的铸模构造；(d)重力流砂岩镜下特征，正交偏光

　　砂岩中可见砂质碎屑流两种基本岩性：较纯净的块状砂岩与含有泥砾的细砂岩，正粒序浊积岩不发育，块状砂岩侧向具一定连续性，垂向累计厚度较大。块状砂岩顶部有漂浮的泥岩碎屑集中存在的现象，并可表现为逆粒序。含泥砾砂岩的岩性较细，为细砂岩-粉细砂岩，泥砾的粒径差异较大，较为常见的泥砾直径为 3～5cm。较大的砾石还保留有原始的沉积构造-水平层理，泥砾均有棱角，说明这些页岩被打碎搬运后快速沉积下来；而大部分泥砾经过长时间搬运，颗粒大小趋于一致并逐渐被磨圆，因而表现为质纯的椭圆状黑色泥砾，这种泥砾漂浮在基质之中的结构构造更加接近碎屑流沉积的"漂砾构造"。含泥砾的构造特征表明流体是呈层状流动的碎屑流，而不是紊乱状态的浊流。顶部接触面不规则，沉积几何体侧向尖灭。底面印模构造主要发育于粉、细砂岩与泥岩的接触面上，均表现为细砂岩、粉细砂岩与其底部泥岩呈凹凸接触，细砂岩厚度不等，从几米到几厘米。层面上可见沟模、槽模等铸模构造[图 4-19(c)]。准同生变形构造同样发育，如负载囊、火焰构造、球状构造、滑塌角砾岩、包卷层理和碎屑脉等。盆地内的浊流沉积规模很小，典型浊流沉积在局部地段有发现。可见粒序层理砂岩岩性极细，主要为粉细砂岩，少见细砂岩。砂岩与底部泥岩接触面平直，表明底部无冲刷；砂岩顶部可见水平层理，可能是底流形成的牵引流沉积构造。浊流形成砂泥岩薄互层厚度较小，单层厚度小于 3cm，旋回也较少，可见重荷模构造。

　　位于特提斯域的西藏羌塘盆地上三叠统巴贡组为一套典型的远源滑塌浊积岩沉积，主要发育暗色细粒碎屑岩沉积。在多个层中均存在反映重力流沉积特征的重荷模，除重荷模外，还发育有正粒序层理、水平层理、斜层理等，分选较差、磨圆中等的泥砾大量发育。位于西藏冈底斯带岗巴—东亚地区的上石炭统永珠组形成于大陆边缘环境的陆坡-深水盆地，发育水平层理、平行层理、粒序层理、浊积纹层、滑塌变形层理和鲍马层序等典型沉积构造(图 4-20)。

图 4-20　西藏岗巴—东亚剖面永珠组典型沉积构造(陈泰一等，2018)

(a)水平层理；(b)平行层理；(c)深水浊积层理；(d)层间滑动变形

二、粒度分布特征

鄂尔多斯盆地南部延长组长 6 段浊积岩段砂岩薄片粒度分析结果表明，本区长 6 段碎屑颗粒多为粒度为 $2.25\phi \sim 4.25\phi$ 的细砂岩或粉砂岩。概率累计曲线主要呈现出由跳跃和悬浮组成的两段式或以悬浮为主的单段式，为典型的浊流沉积。两段式沉积物由跳跃、悬浮两个总体组成，缺少牵引总体，跳跃总体含量占 30%～70%，悬浮总体含量占 30%～70%，细截点一般为 $3.0\phi \sim 3.5\phi$，分选性中等至差；悬浮曲线为单段式，无截点，混合多，分选性差（图 4-21）。这反映了中等-弱的水动力条件。通过矩值法和图解法求得本区长粒度参数。矩值法粒度参数：平均粒度（M_z）为 $2.97\phi \sim 4.39\phi$，平均值为 3.71ϕ；标准差（σ_1）为 0.28～0.92，平均值为 0.52；偏度（SK）为-0.71～1.63，平均值为 0.42；峰度（K_G）为 2.46～6.36，平均值为 3.34。图解法粒度参数：平均粒度（M_z）为 $2.91\phi \sim 4.40\phi$，平均值为 3.69ϕ；平均标准差（σ_1）为-0.23～0.97，平均值为 0.37；偏度（SK）为 0.15～1.13，平均值为 0.67；峰度（K_G）为 0.08～1.63，平均值为 0.67。分析可知，粒度以细砂为主，分选性中等，宽峰，负偏态，频率曲线呈单峰。

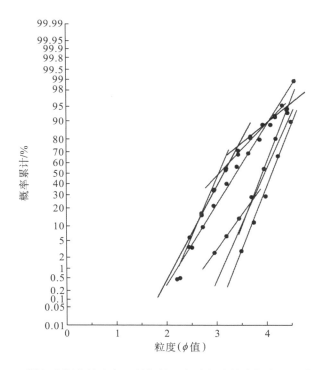

图 4-21　鄂尔多斯盆地南部延长组长 6 段浊积岩粒度概率累计曲线特征

西藏羌塘盆地上三叠统巴贡组浊积砂岩平均粒度为 $3.80\phi \sim 4.72\phi$，属于极细砂-粗粉砂；砂岩标准差为 0.88～1.12，表明砂岩颗粒分选性中等；偏度为 0.22～0.39，属于正偏-很正偏，表明沉积物以偏粗粒为主；峰度为 0.96～1.92，频率曲线中等-很尖锐。巴贡组砂岩粒度概率累计曲线主要为一段式(图 4-22),曲线斜度为 58°,悬浮总体大,分选性差,含有少量跳跃组分和极少数滚动组分,这符合浊流沉积粒度概率累计曲线的特征(占王忠等,2019)。

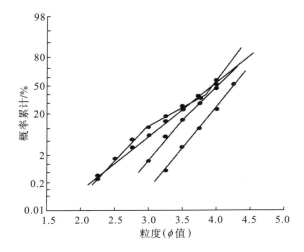

图 4-22   羌塘盆地上三叠统巴贡组砂岩粒度概率累计曲线(占王忠等,2019)

西藏岗巴—东亚地区永珠组浊流成因的碎屑岩概率累计曲线显示为两段式分布,均以跳跃总体和悬浮总体为主(陈泰一等,2018)。类比现代和古代的浊流砂体、深水扇砂体粒度概率累计曲线,细砂岩更接近深水浊流沉积环境,粉砂岩偏向于深水扇沉积(图 4-23)。需要注意的是,大陆沉积的洪积物特点有些像浊流沉积,粒度分布曲线的分选性很差,斜度低,因此要根据其他方面的证据综合判断。

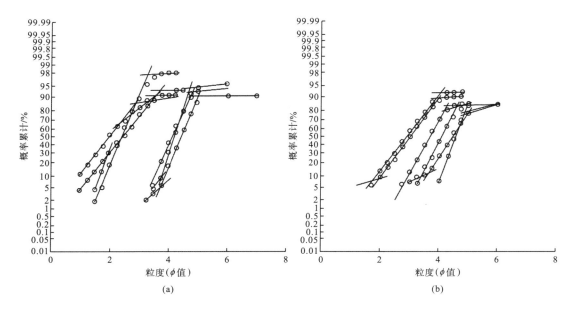

图 4-23   西藏岗巴剖面(a)和东亚剖面(b)永珠组碎屑岩粒度概率累计曲线

第六节　鄂尔多斯盆地白垩系风成沉积

一、沉积地质特征

白垩纪鄂尔多斯盆地在燕山期抬升-沉降及气候演变的背景条件下,经历了早白垩世洛河组沉积期和罗汉洞组沉积期两个沙漠沉积演化阶段,形成了旱谷、沙丘、沙丘间及沙漠湖等多类型的沙漠亚相碎屑岩沉积(谢渊等,2005)。洛河组主要由沙漠相、河流湖泊相以及冲(洪)积扇、泥石流和风化残积物沉积组成,岩性以紫红、棕红色块状粗-中-细粒砂岩沉积为主,夹少量泥岩,砂岩发育巨型交错层理。罗汉洞组主要为沙漠、河流及湖泊相棕红、橘黄色砂岩夹紫红色泥岩,砂岩发育大型交错层理。在野外露头上,洛河组与下伏安定组接触关系表现为发育大型高角度交错层理的风成砂岩不整合于发育水平层理的薄层粉砂岩、泥岩之上,为一区域上的大型不整合面。与上覆环河-华池组之间并不存在明显岩性界线,在界线附近为砂岩与泥岩互层的特征,通常以发育稳定、展布较广的第一期泥岩层为界。根据沉积特征可划分为上下两段,尤以下段的风成沉积最为发育,通常包含沙丘、沙席和沙丘间等沉积亚相,发育大型高角度交错层理、水平层理、波状层理等构造。交错层理是盆地白垩系洛河组和罗汉洞组沙丘最典型的沉积构造,类型多、规模巨大[图 4-24(a)和(b)]。交错层理前积层上倾角很大,上部通常可达 29°～30°,甚至可达 34°,而顺坡向下角度减小,近底处多与下界面近于水平相切,从而形成倾斜而上凹的纹层;层理规模大,一个单斜层理厚度从十几厘米到数米不等,其中单个前积纹层也较厚(1～5cm),横向延伸稳定,在露头上可见一个层理侧向延伸数百米甚至上千米。洛河组风成砂岩在显微镜下通常呈中-细粒结构,颗粒大小集中在 0.1～0.4mm,主要为岩屑长石石英砂岩或长石岩屑石英砂岩。在颗粒表面普遍发育红色铁质包壳[图4-24(c)],表明该沉积岩很可能形成于氧化环境。另外,粒序纹层在风成砂岩中也普遍发育,镜下可见毫米尺度的粒序韵律发育[图4-24(d)],表明碎屑颗粒在风力作用的搬运下,由于不同位置风力强度不同而造成颗粒按照粒度大小依次沉积。

我国西北地区广泛分布的黄土也是风成沉积的一种典型的沉积物。在鄂尔多斯盆地东部的保德地区地表大面积堆积了第四纪黄土沉积(图 4-25),不同的是,黄土的物源来自西部地区的沙漠和戈壁,在盛行大陆季风的搬运作用下,逐渐在黄土高原堆积,因此其粒度一般较小,多为细砂、粉砂级别以下,缺少粗颗粒。在地表水和降雨的不断侵蚀作用下形成了现今沟壑纵横的地貌景观,局部还可见到水平层理发育。目前对于古代黄土堆积形成的岩石报道还较少,缺乏这方面的粒度资料。

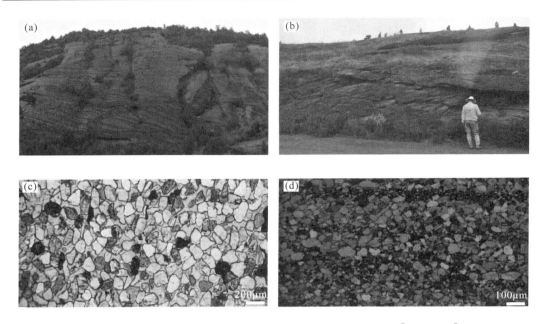

图4-24　鄂尔多斯盆地洛河组中发育的大型高角度交错层理［(a)和(b)］
和风成砂岩镜下微观特征［(c)和(d)］

图4-25　鄂尔多斯盆地东部保德地区第四纪黄土沉积

二、粒度分布特征

　　洛河组砂岩粒度分布曲线和现代风成沙丘非常类似(乔大伟等,2020),呈明显的单峰,分布范围窄,峰度高(10%～20%),洛河组砂岩的峰值均在1ϕ～4ϕ(100～300μm)处,现代风成沙丘的峰值范围一般在3ϕ(150μm)左右;基本不含粗粒度段,存在一细粒长尾,细粒部分无明显次峰(图 4-26)。从粒度概率累计曲线上来看,洛河组砂岩和现代风成沙丘的曲线类型基本一致,均为两段式。洛河组砂岩的跳跃总体含量在 80%~90%,粒度一般小于 4ϕ;现代风成沙丘在 80%~95%,粒度一般小于 5ϕ。该段曲线斜率较大,说明此范围的颗粒分选性较好。洛河组砂岩的悬浮总体含量在 10%~20%,现代风成沙丘的悬浮总体含量在 5%~20%,二者曲线斜率均较小,颗粒分选性均较差(图 3-18)。

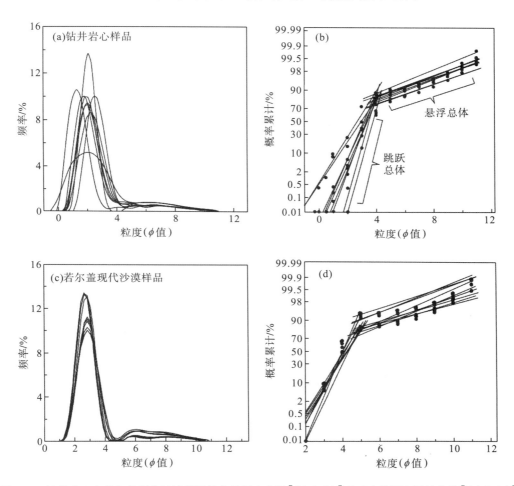

图 4-26 钻井岩心和若尔盖现代沙漠样品粒度的频率曲线[(a)和(c)]及对应的概率累计曲线[(b)和(d)]

第七节 塔里木盆地新元古界冰成沉积

一、沉积地质特征

在我国塔里木盆地西南缘叶城地区,南华系波龙组和雨塘组发育两套冰碛岩。波龙组为一套紫红色冰成杂砾岩沉积,由冰碛砾石和泥质基质组成,无层理显示;夹有灰绿色或灰褐色的砂岩层、粉砂岩层、硅质岩层及硅质泥岩层[图 4-27(a)],厚约 185m,顶部细碎屑岩中含落石构造。冰碛岩砾石成分复杂，分选性差，砾径大小混杂，2～18cm 居多，个别可达 40～50cm，整体粒度从底部向上变小。砾石磨圆度较好，有的砾石呈马鞍状且常发育压裂痕和冰川擦痕，具有典型的冰川沉积特征，其主要成分有花岗岩［图 4-27(b)］、石英砂岩、燧石［图 4-27(c)］等，可观察到冻裂纹［图 4-27(d)］。雨塘组冰碛岩砾石粒径较均一，普遍偏小，以 1～2cm 为主。砾石主要成分与波龙组厚层杂砾岩类似，但基质成分增多，冰碛岩之上沉积了细砂岩或者紫红色粗砂岩。常发育板状斜层理、包卷层理和变形层理，上部灰绿色泥岩中发育砂岩透镜体，显示滑塌堆积的特征。在含砾粉砂岩中相对较大的砾石压弯或穿透纹层，形成落石构造。根据其成分结构特征，该段地层划分为冰水亚相沉积。

图 4-27   新疆叶城地区新元古界波龙组冰碛岩野外露头特征(李王鹏等，2022)

(a)冰碛岩与灰绿色硅质泥岩互层；(b)冰碛岩中的花岗质砾石；(c)冰碛岩中的燧石；(d)冰碛岩砾石发育冻裂纹

二、粒度分布特征

通过对波龙组顶部冰成砂质砾岩的粒度分析，应用 Folk 和 Ward(1957)的公式进行计算，结果显示，其平均粒度为-1.33ϕ，属细砾级；标准差为 1.90，属分选性较差；偏度为 0.13，属正偏态；峰度为 1.26，属尖锐峰度。对其应用 Sahu(1964)提出的粒度判别函数进行沉积环境判别，鉴别值为 0.05，小于 0.08，属于冰水沉积。概率累计曲线显示以悬浮总体和跳跃总体为主，滚动总体与跳跃总体之间的分界不明显(图 4-28)，总体表现出冰水沉积物分选性差，反映了冰川搬运的沉积特征。

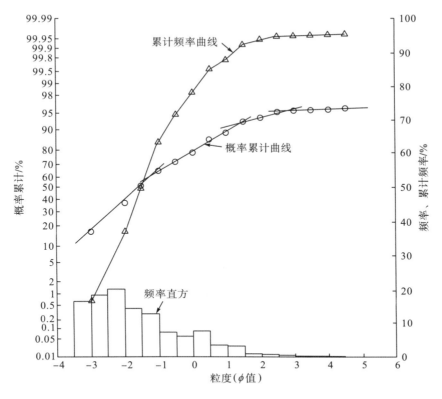

图 4-28　波龙组砂质砾岩粒度分布曲线特征(宗文明等，2010)

参 考 文 献

陈欢庆, 舒治睿, 林春燕, 等, 2014. 粒度分析在砾岩储层沉积环境研究中的应用: 以准噶尔盆地西北缘某区克下组冲积扇储层为例[J]. 西安石油大学学报(自然科学版), 29(6): 6-12, 34, 112.

陈泰一, 魏启荣, 周江羽, 等, 2018. 西藏岗巴-东亚地区永珠组沉积时代及沉积环境[J]. 地球科学, 43(8): 2893-2910.

陈亚宁, 王志超, 高顺利, 1986. 西藏南迦巴瓦峰地区冰川沉积物粒度特征的初步分析[J]. 干旱区地理, 9(3):30-38.

成都地质学院陕北队, 1978. 沉积岩(物)粒度分析及其应用[M]. 北京: 地质出版社.

成治, 1976. 某地区白垩系中的冲积相[J]. 地质科学, 11(4): 337-353.

房亚男, 吴朝东, 王熠哲, 等, 2016. 准噶尔盆地南缘中-下侏罗统浅水三角洲类型及其构造和气候指示意义[J]. 中国科学: 技术科学, 46(7): 737-756.

葛东升, 刘玉明, 柳雪青, 等, 2018. 粒度分析在致密砂岩储层及沉积环境评价中的应用[J]. 特种油气藏, 25(1): 41-45, 72.

谷华昱, 李雨, 2021. 豫西地区黄连垛组和董家组沉积环境分析[J]. 科技风(9):154-156.

李王鹏, 李慧莉, 王毅, 等, 2022. 塔里木盆地西南缘叶城地区新元古代冰期事件[J]. 地学前缘, 29(3): 356-380.

李亚龙, 于兴河, 单新, 等, 2016. 鄂尔多斯盆地东南部下石盒子组盒 8 段物源特征与沉积相[J]. 东北石油大学学报, 40(3): 51-60.

李亚龙, 于兴河, 单新, 等, 2017. 准噶尔盆地南缘四工河剖面中二叠统乌拉泊组辫状河三角洲沉积模式及沉积序列[J]. 天然气地球科学, 28(11): 1678-1688.

林春明, 张霞, 赵雪培, 等, 2021. 沉积岩石学的室内研究方法综述[J]. 古地理学报, 23(2): 223-244.

林少宫, 1963. 基础概率与数理统计[M]. 北京: 人民教育出版社.

柳昊, 田亚铭, 邓剑, 等, 2021. 川东南志留系小河坝组致密砂岩储层粒度特征及其环境指示意义[J]. 科学技术与工程, 21(14): 5668-5676.

鲁欣, 1952. 沉积岩石学原理[M]. 中华人民共和国地质部编译出版室, 译. 北京: 地质出版社.

钱广强, 董治宝, 罗万银, 等, 2011. 巴丹吉林沙漠地表沉积物粒度特征及区域差异[J]. 中国沙漠, 31(6): 1357-1364.

乔大伟, 旷红伟, 柳永清, 等, 2020. 鄂尔多斯盆地风成含铀岩系的识别: 以 XX 井为例[J]. 大地构造与成矿学, 44(4): 648-666.

邱隆伟, 朱士波, 高青松, 等, 2015. 杭锦旗地区山西组辫状河三角洲的判定及其沉积演化[J]. 河南理工大学学报(自然科学版), 34(5): 626-633.

孙东怀, 鹿化煜, Rea D, 等, 2000. 中国黄土粒度的双峰分布及其古气候意义[J]. 沉积学报, 18(3): 327-335.

吴鹏, 高计县, 郭俊超, 等, 2018. 鄂尔多斯盆地东缘临兴地区太原组桥头砂岩层序地层及沉积特征[J]. 石油与天然气地质, 39(1): 66-76.

吴胜和, 伊振林, 许长福, 等, 2008. 新疆克拉玛依油田六中区三叠系克下组冲积扇高频基准面旋回与砂体分布型式研究[J]. 高校地质学报, 14(2): 157-163.

武安斌, 1983. 冰碛物的粒度参数特征及其与沉积环境的关系[J]. 冰川冻土, 5(2): 47-53.

肖晨曦, 李志忠, 2006. 粒度分析及其在沉积学中应用研究[J]. 新疆师范大学学报(自然科学版), 25(3): 118-123.

谢渊, 王剑, 江新胜, 等, 2005. 鄂尔多斯盆地白垩系沙漠相沉积特征及其水文地质意义[J]. 沉积学报, 23(1): 73-83.

阎琨, 马伟, 柳晓丹, 等, 2020. 新疆柯坪地区志留系-泥盆系砂岩粒度分布特征及沉积环境[J]. 中国地质调查, 7(4): 76-84.

占王忠, 彭清华, 陈文彬, 2019. 羌塘盆地东部冬曲地区上三叠统巴贡组沉积环境分析[J]. 海相油气地质, 24(1): 27-34.

张朋霖, 刘招君, 孙平昌, 等. 2019. 柴北缘团鱼山地区石门沟组含煤段三角洲沉积特征[J]. 大庆石油地质与开发, 38(1): 26-33.

张振拴, 1983. 天山博格达峰地区冰碛物的粒度特征[J]. 冰川冻土, 5(3): 191-200.

赵俊峰, 刘池洋, 喻林, 等, 2007. 鄂尔多斯盆地侏罗系直罗组砂岩发育特征[J]. 沉积学报, 25(4): 535-544.

周邦国, 王子正, 冀盘龙, 等, 2018. 滇东北地区中泥盆统缩头山组石英砂岩特征及其沉积环境[J]. 沉积与特提斯地质, 38(3): 25-31.

宗文明, 高林志, 丁孝忠, 等, 2010. 塔里木盆地西南缘南华纪冰碛岩特征与地层对比[J]. 中国地质, 37(4): 1183-1190.

Allen J R L, 1966. On bed forms and palaeocurrents[J]. Sedimentology, 6(3): 153-190.

Allen G P, Castaing P, Klingebiel A, 1972. Distinction of elementary sand populations in the Gironde estuary (France) by r-mode factor analysis of grain-size data[J]. Sedimentology, 19(1-2): 21-35.

Bennett J G, 1936. Broken coal[J]. Journal of the Institute of Fuel, 10: 22-39.

Biggs R B, 1968. "Optical grainsize" of suspended sediment in upper Chesapeake Bay[J]. Chesapeake Science, 9(4): 261-262.

Blatt H, Middleton G, Murray R, 1972. Origin of sedimentary rock[M]. Englewood Cliffs: Prentice-Hall, Inc.

Brezina J, 1969. Granulometer; A sediment analyzer directly writing grain size distribution curves[J]. Journal of Sedimentary Research, 39(4): 1627-1631.

Bull W B, 1962. Relation of textural (CM) patterns to depositional environment of alluvial-fan deposits[J]. Journal of Sedimentary Research, 32: 221-216.

Buller A T, McManus J, 1972. Simple metric sedimentary statistics used to recognize different environments[J]. Sedimentology, 18(1-2): 1-21.

Burt W V, 1955. Interpretation of spectrophotometer readings on Chesapeake Bay waters[J]. Journal of Marine Research, 14(1): 33-46.

Caiver R F, 1971. Proceduresin in sedimentary petrology[M]. New York: John Wiley and Sons Inc.

Cooley W W, Lohnes P R, 1962. Multivariate procedures for the behavioral sciences[M]. New York: John Wiley.

Davies D K, Ethridge F G, 1975. Sandstone composition and depositional environment[J]. AAPG Bulletin, 59(2): 239-264.

Doeglas D J, 1946. Interpretation of the results of mechanical analyses[J]. Journal of Sedimentary Research, 16(1): 19-40.

Doeglas D J, 1968. Grain-size indices, classification and environment[J]. Sedimentology, 10(2): 83-100.

Dyer K R, 1970. Grain size parameters for sandy-gravels[J]. Journal of Sedimentary Research, 40(2): 616-620.

Eynon G, Walker R G, 1974. Facies relationships in Pleistocene outwash gravels, southern Ontario: A model for bar growth in braided rivers[J]. Sedimentology, 21(1): 43-70.

Fisher R A, 1936. The use of multiple measurements in taxonomic problems[J]. Annals of Eugenic, 7(2): 179-188.

Folk R L, 1966. A review of grain-size parameters[J]. Sedimentology, 6(2): 73-93.

Folk R L, Ward W C, 1957. Brszon griver bar: Aatudy in the signification of grain size parametors[J]. Journal of Sedimentary Research, 27(1): 3-27.

Friedman G M, 1958. Determination of sieve-size distribution from thin-section data for sedimentary petrological studies[J]. The Journal of Geology, 66(4): 394-416.

Friedman G M, 1961. Distinction between dune, beach, and river sands from their textural characteristics[J]. Journal of Sedimentary Research, 31(4): 514-529.

Friedman G M, 1962. Comparison of moment measures for sieving and thin-section data in sedimentary petrological studies[J]. Journal of Sedimentary Research, 32(1): 15-25.

Friedman G M, 1965a. In defence of point counting analysis, a discussion[J]. Sedimentology, 4(3): 247-249.

Friedman G M. 1965b. In defence of point counting analysis: Hypothetical experiments versus real rocks[J]. Sedimentology, 4(3): 252-253.

Friedman G M, 1967. Dynamic processes and statistical parameters compared for size frequency distribution of beach and river sands[J]. Journal of Sedimentary Research, 37(2): 327-354.

Friedman G M, 1969. Depositional environments in carbonate rocks: An introduction. special publications[M]. Tulsa: SEPM Society for Sedimentary Geology.

Glaister R P, Nelson H W, 1974. Grain-size distributions,an aid in facies identification[J]. Bulletin of Canadian Petroleum Geology, 22(3): 203-240.

Greenman N N. 1951. The mechanical analysis of sediments from thin-section data[J]. The Journal of Geology, 59(5): 447-462.

Griffiths J C, 1967. Scientific method in analysis of scdimeats[M]. New York: McGrow Hill Book Co.

Hand B M, 1967. Differentiation of beach and dune sands using settling velocities of light and heavy minerals[J]. Journal of Sedimentary Research, 37(2): 514 -520.

Imbrie J, Van Andel T H, 1964. Vector analysis of heavy-mineral data[J]. Geological Society of America Bulletin, 75(11): 1131.

Inman D L, 1952. Measures for describing the size distribution of sediments[J]. Journal of Sedimentary Research, 22(3):125-145.

Inter-Agency Committee on Water Resources, 1963. Subcommittee on sedimentation[C]//Proceedings of the Federal Inter-Agency Sedimentation Conference. Washington, D.C.: US Department of Agriculture.

Kaiser H F, 1959. Computer program for varimax rotation in factor analysis[J]. Educational and Psychological Measurement, 19(3): 413-420.

Kane W T, Hubert J F, 1963. Fortran program for calculation of grain-size textural parameters on the IBM 1620 computer[J]. Sedimentology, 2(1): 87-90.

Kennedy J F, Koh R C Y, 1961. The relation between the frequency distributions of sieve diameters and fall velocities of sediment particles[J]. Journal of Geophysical Research, 66(12): 4233-4246.

King L J, 1969. Statistical analysis in geography[M]. Englewood Cliffs: Prentice-Hall, Inc.

Kittleman L R Jr, 1964. Application of rosin's distribution in size-frequency analysis of clastic rocks[J]. Journal of Sedimentary Research, 34(3): 483-502.

Klovan J E, 1966. The use of factor analysis in determining depositional environments from grain-size distributions[J]. Journal of Sedimentary Research, 36(1): 115-125.

Krumbein W C, 1934. Size frequency distributions of sediments[J]. Journal of Sedimentary Research, 4(2): 65-77.

Krumbein W C, 1936. Application of logarithmic moments to size frequency distributions of sediments[J]. Journal of Sedimentary Research, 6(1): 35-47.

Krumbein W C, Pettijohn F J, 1938. Mannual of sedimentary petrology[M]. New York: Appleton-Century-Crofts, Inc.

Krumbein W C, Graybill F A, 1965. An introduction to statistical modals in geology[M]. New York: McGraw-Hill Book Co.

Landim P M B, Frakes L A, 1968. Distinction between tills and other diamictons based on textural characteristics[J]. Journal of Sedimentary Research, 38(4): 1213-1223.

Link A G, 1966. Textural classification of sediments[J]. Sedimentology, 7(3): 249-254.

Mason C C, Folk R L, 1958. Differentiation of beach, dune, and aeolian flat environments by size analysis, Mustang Island, Texas[J].
Journal of Sedimentary Research, 28 (2): 211-226.

McCammon R B, 1962. Efficiencies of percentile measures for describing the mean size and sorting of sedimentary particles[J].
Journal of Geology, 70 (4): 453-465.

McCave I N, Jarvis J, 1973. Use of the Model T Coulter Counter in size analysis of fine to coarse sand[J]. Sedimentology, 20 (2):
305-315.

McKenzie K G, 1963. The adaptation of a colorimeter for measuring silt-sized particles: A rapid photo-extinction (PE) method[J].
Journal of Sedimentary Research, 33 (1):41-48.

Moiola R J, Weiser D, 1968. Textural parameters: An evaluation[J]. Journal of Sedimentary Research, 38 (1): 45-63.

Moiola R J, Weiser D, 1969. Environmental analysis of ancient sandstone bodies by discriminant analysis: ABSTRACT[J]. AAPG
Bulletin, 53 (3): 733.

Muller G, 1967. A pocket microscope for grain size measurement in the field[J]. Journal of Sedimentary Research, 37 (2): 703-704.

Neumann-Mahlkau P, 1967. Korngrössenanalyse grobklastischer sedimente mit hilfe von aufschluss-photographien[J]. Sedimentology,
9 (3): 245-261.

Otto G H, 1939. A modified logarithmic probability graph for the interpretation of mechanical analyses of sediments[J]. Journal of
Sedimentary Research, 9 (2): 62-76.

Packham G H, 1955. Volume-, weight-, and number-frequency analysis of sediments from thin-section data[J]. The Journal of
Geology, 63 (1): 50-58.

Passega R, 1957. Texture as characteristic of clastic deposition[J]. AAPG Bulletin, 41 (9): 1952-1984.

Passega R, 1964. Grain size representation by CM patterns as a geologic tool[J]. Journal of Sedimentary Research, 34 (4): 830-847.

Passega R, Rizzini A, Borghetti G, 1967. Transport of sediments by waves, adriatic coastal shelf, Italy[J]. AAPG Bulletin, 51 (7):
1304-1319.

Passega R, 1972. Sediment sorting related to basin mobility and environment[J]. AAPG Bulletin, 56 (12): 2440-2450.

Passega R, Byramjee R, 1969. Grain-size image of clastic deposits[J]. Sedimentology, 13 (3-4): 233-252.

Passega R, Borghetri G, Florio G, 1962. Sedimenti dell' Adriatico al largo di Pescara[R]. Roma: Azienda Generale Italiana Petroli.

Plankeel F H, 1962. An improved sedimentation balance[J]. Sedimentology, 1 (2): 158-163.

Postma H, 1961. Transport and accumulation of suspended matter in the Dutch wadden sea[J]. Netherlands Journal of Sea Research,
1 (1-2): 148-190.

Rose H E, 1954. The measurement of particle size in very fine powders[M]. New York: Chemical Publishing Co.

Rosin P, Rammler E, 1933. Laws governing the fineness of powdered coal[J]. Journal of the Institute of Fuel, 7: 29-36.

Rouse H, 1937. Modern conceptions of the mechanics of fluid turbulence[J]. Transactions of the American Society of Civil Engineers,
102 (1): 463-505.

Royse C F, 1968. Recognition of fluvial environments by particle-size characteristics[J]. Journal of Sedimentary Research, 38 (4):
1171-1178.

Sahu B K, 1964. Depositional mechanisms from the size analysis of clastic sediments[J]. Journal of Sedimentary Research, 34 (1):
73-83.

Sahu B K, 1965. Transformation of weight;and number;frequencies for phi-normal size distributions[J]. Journal of Sedimentary
Research, 35 (4): 973-975.

Schlee J, 1966. A modified woods hole rapid sediment analyzer[J]. Journal of Sedimentary Research, 36(2): 403-413.

Schlee J, Webster J, 1967. A computer program for grain-size data[J]. Sedimentology, 8(1): 45-53.

Schubel J R, Schiemer E W, 1967. A semiautomatic microscopic particle size analyzer utilizing the vickers image splitting eyepiece[J].
    Sedimentology, 9(4): 319-326.

Seibold E, 1963. Geological investigation of near-shore sand transport[J]. Progress in Oceanography, 1: 3-6.

Sengupta S, Veenstra H J, 1968. On sieving and settling techniques for sand analysis[J]. Sedimentology, 11(1-2): 83-98.

Sharp W E, Fan P F, 1963. A Sorting index[J]. The Journal of Geology, 71(1): 76-84.

Sheldon R W, Parsons T R, 1967. A continuous size spectrum for particulate matter in the sea[J]. Journal of the Fisheries Research
    Board of Canada, 24(5): 909-915.

Shepard F P, 1954. Nomenclature based on sand-silt-clay ratios[J]. Journal of Sedimentary Research, 24(3): 151-158.

Simmons G, 1959. The photo-extinction method for the measurement of silt-sized particles[J]. Journal of Sedimentary Research,
    29(2): 233-245.

Solohub J T, Klovan J E, 1970. Evaluation of grain-size parameters in lacustrine environments[J]. Journal of Sedimentary Research,
    40(1): 81-101.

Spencer D W, 1963. The interpretation of grain size distribution curves of clastic sediments[J]. Journal of Sedimentary Research,
    33(2): 180-190.

Stauffer P H, 1966. Thin - section size analysis: A further note[J]. Sedimentology, 7(3): 261-263.

Swift D J F, Schubel J R, Sheldon R W,1972. Size analysis of fine-grained suspended sediments: A review[J]. Journal of Sedimentary
    Research, 42(1): 122-134.

Trask P D, 1930. Mechanical analyses of sediments by centrifuge[J]. Economic Geology, 25(6): 581-599.

Udden J A, 1914. Mechanical composition of clastic sediments[J]. GSA Bulletin, 25(1): 655-744.

Van der Plas L, 1962. Preliminary note on the granulometric analysis of sedimentary rocks[J]. Sedimentology, 1(2): 145-157.

Van der Plas L, 1965. In defence of point counting analysis, a reply[J]. Sedimentology, 4(3): 249-251.

Visher G S, 1965. Fluvial processes as interpreted from ancient and receipt fluvial deposits[M]//Middleton C V. Primary sedimentary
    afructures and their hydrodynamic Interpretation. Tulsa: Society for Sedimentary Geology.

Visher G S, 1969. Grain size distributions and depositional processes[J]. Journal of Sedimentary Research, 39(3): 1074-1106.

Walger E, 1962. Die Korngrössenverteilung von Einzellagen sandiger Sedimente und ihre genetische Bedeutung[J]. Geologische
    Rundschau, 51(2): 494-507.

Walker P H, Woodyer K D, Hutka J, 1974. Particle-size measurements by Coulter Counter of very small deposits and low suspended
    sediment concentrations in streams[J]. Journal of Sedimentary Research, 44(3): 673-679.

Zeigler J M, Whitney G G, Hayes C R, 1960. Woods hole rapid sediment analyzer[J]. Journal of Sedimentary Research, 30(3):
    490-495.

附录 用醋酸纤维素揭片研究砂质岩的粒度

揭片的方法是，先将光片用 40% HF 浸蚀 5～10s，然后冲洗，晾干，再用丙酮浸湿，轻轻地压在醋酸纤维素载片上。待干后将光片很快地剥开，这时沿石光面的印迹即完全留在醋酸纤维片上。如使用的是厚(1.6mm)醋酸纤维素片，可不必再粘在玻璃载片上，揭片直接放在显微镜下作为一个岩石负片进行研究。揭片的最大优点是面积较大，能提供足够的颗粒测值，这对粗粒的砂质岩特别适合，可直接在其上用点计法测颗粒的视长径，也可将其放大后投在屏幕上进行测定，也可在其照片上测定，这时可加一方格网做点计。此外，在揭片上还可做圆度、颗粒方位、成分的研究。在揭片上的各种矿物易于辨认。石英在揭片的照片上是黑的，长石是灰的，黏土杂质也可从其形状上看出，长石双晶的叶片，石英包裹物及各种程度的风化作用都是清楚的。还可用硝酸钴染色，从而得出微斜长石/斜长石的比例。揭片是值得推广的一个方法。